Come e perché il sole e le stelle brillano

Come e perché il sole e le stelle brillano

Gianpaolo Bellini

Come e perché il sole e le stelle brillano

L'esperimento Borexino risponde ad una domanda millenaria

Gianpaolo Bellini
Dipartimento di fisica
Università di Milano e Istituto nazionale di
fisica nucleare-Milano
Milano, Italy

ISBN 978-3-031-98857-8   ISBN 978-3-031-98858-5 (eBook)
https://doi.org/10.1007/978-3-031-98858-5

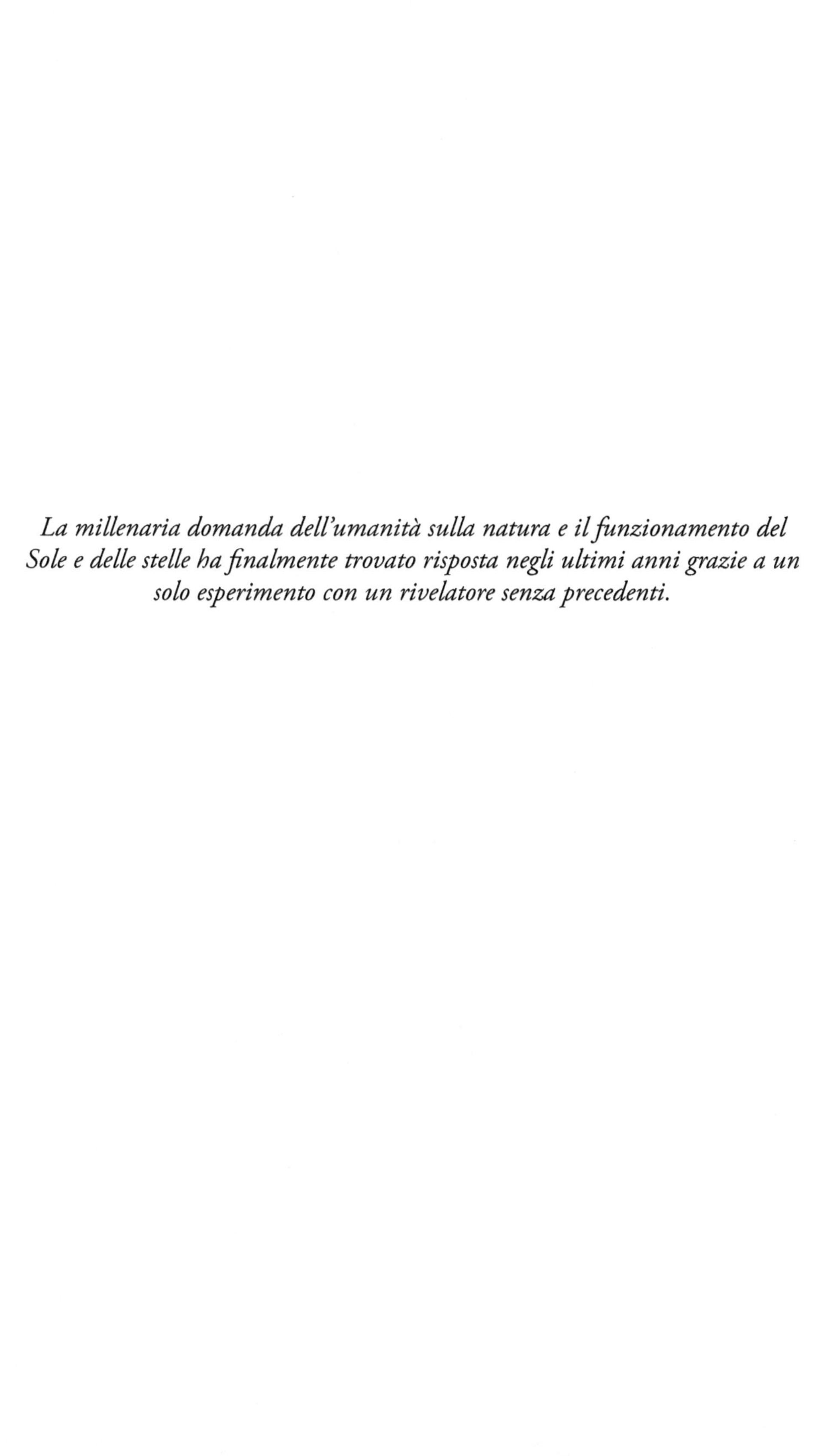

La millenaria domanda dell'umanità sulla natura e il funzionamento del Sole e delle stelle ha finalmente trovato risposta negli ultimi anni grazie a un solo esperimento con un rivelatore senza precedenti.

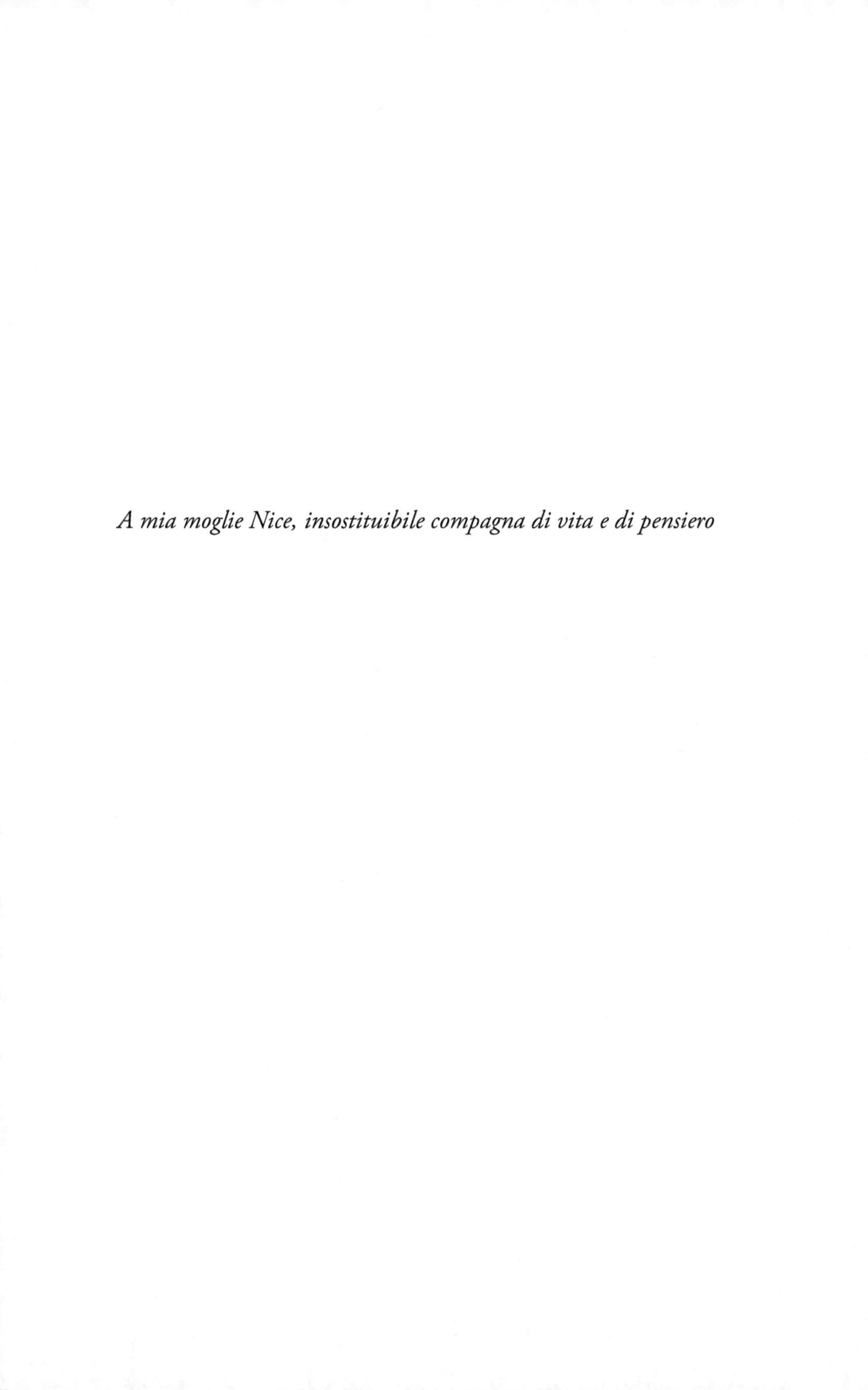

A mia moglie Nice, insostituibile compagna di vita e di pensiero

Prefazione

Come brilla il Sole è una domanda molto importante per noi che viviamo sulla Terra. La nostra esistenza sul pianeta dipende dalla luce irradiata dal Sole. È noto da tempo che l'osservazione dei neutrini solari può rivelare il meccanismo con cui il Sole brilla. Tuttavia, questo è un compito sperimentalmente molto difficile, poiché i neutrini attraversano la materia con estrema facilità.

Gianpaolo Bellini è un eminente fisico che ha guidato per oltre 30 anni l'esperimento Borexino sui neutrini solari, dimostrando come il Sole brilli. Come vedrete leggendo questo libro, si tratta di un risultato straordinario, reso possibile dalla collaborazione di numerosi scienziati che hanno contribuito al successo con le loro diverse competenze e il loro ingegno.

Spero che, attraverso questo libro, molte persone possano comprendere come si realizzano grandi scoperte scientifiche.

Takaaki Kajita (Premio Nobel 2015)

Competing Interests The author has no competing interests to declare that are relevant to the content of this manuscript.

Indice

1

Introduzione e guida per i lettori
Luce solare, cielo, approfondimenti

1.1 Introduzione

Il Sole e le stelle hanno accompagnato la vita di tutti gli esseri umani sin dall'alba dell'umanità. Non esiste persona che non si sia riscaldata ai raggi del Sole o che, almeno una volta, non abbia ammirato il cielo stellato di notte. Ma mi chiedo quanti abbiano mai riflettuto su quanto tempo il Sole potrà durare nel suo stato attuale—una delle innumerevoli condizioni che rendono possibile la vita sulla Terra—e da dove la nostra stella tragga l'energia necessaria per diffondere luce e calore in tutto il sistema solare.

Forse, pochi sanno che la luce che ci raggiunge oggi è stata in realtà prodotta, in media, circa 100.000 anni fa nel nucleo centrale del Sole, quando i Neanderthal occupavano gran parte dell'Europa e dell'Asia occidentale e i primi Homo sapiens iniziavano le loro migrazioni dall'Africa. Allo stesso modo, alcuni potrebbero essersi chiesti come le stelle della Via Lattea, così meravigliosamente visibili di notte, possano avere abbastanza energia da emettere luce che viaggia decine di migliaia di anni e anche oltre, fino ad un milione, prima di investire la nostra Terra, un punto infinitesimo nell'immensità dell'universo.

L'astronomia e l'astrofisica hanno svelato molte cose su come si è formato e come funziona l'universo intorno a noi. Tuttavia, quando si è trattato di comprendere come il Sole e le stelle siano in grado di produrre così tanta energia e, di conseguenza, tanta luce, sono state formulate ipotesi, ma non vi erano prove dirette di ciò che accade realmente all'interno di questi corpi celesti.

Per comprendere i meccanismi che alimentano il Sole e le stelle, è essenziale esplorarne l'interno, poiché è nel loro nucleo che avviene la produzione di energia. Considerando che la temperatura al loro interno raggiunge milioni di gradi, è evidente che nessun oggetto costruito dall'uomo potrebbe fungere da sonda. Tuttavia, esistono straordinarie sonde naturali capaci di svolgere questo ruolo: i neutrini, uno dei mattoni fondamentali della materia, in grado di viaggiare completamente indisturbati attraverso la materia che costituisce il Sole e le stelle.

Negli ultimi decenni, un esperimento installato nella catena montuosa dell'Appennino, in Italia, sotto 1400 metri di roccia, è riuscito a studiare l'interno del Sole grazie a queste sonde naturali e a identificare i meccanismi che fanno brillare il Sole e le stelle. Questo esperimento è durato 31 anni ed è stata una grande avventura, sia scientifica che umana, poiché un'impresa del genere non sarebbe stata possibile senza una profonda passione per la scienza—nessuno dedicherebbe metà della propria vita alla realizzazione di un esperimento simile senza un forte slancio interiore.

Sono stato uno dei principali artefici e responsabili di questo esperimento, e ho deciso di pubblicare questo libro per raccontare la storia di questa avventura, che è non solo scientifica, ma anche umana. Il mio obiettivo è far comprendere, anche a chi non ha un particolare interesse o legame con le attività scientifiche, cosa significhi fare ricerca, come avanza la scienza e quanti piccoli passi siano necessari per cercare di comprendere il mondo che ci circonda. Certamente, i risultati di questo esperimento rappresentano un piccolo passo, un tassello minuscolo nel vasto mosaico della conoscenza umana. Tuttavia, tutto ciò che sappiamo oggi è il frutto dell'assemblaggio collettivo di questi tasselli, risultati ottenuti specialmente nell'ultimo secolo e mezzo. C'è ancora moltissimo da scoprire e con ogni nuova scoperta si svela anche una parte di ciò che ancora non comprendiamo. Tuttavia, credo che per chiunque sia affascinante capire come tutto questo funzioni e conoscere meglio il mondo nel quale siamo immersi.

Ho cercato di descrivere questo esperimento nel modo più semplice possibile, affinché possa essere compreso anche da chi non ha molta dimestichezza con la scienza, e ho voluto anche presentarlo come un'avventura umana che coinvolge la vita di alcune persone e, in ogni caso, il lavoro di molti.

Spero che il lettore di questo libro, qualunque sia il suo background, possa comprendere il lavoro svolto e i risultati ottenuti e che, alla fine, abbia guadagnato qualcosa in più imparando un po' di più sul cielo sopra di noi. Vorrei ricordare le parole del grande scienziato Albert Einstein, che disse che l'universo che ci circonda è già un miracolo, ma il miracolo ancora più grande è che esso sia intelligibile all'essere umano.

1.2 Guida per il lettore

Quando si parla di un esperimento scientifico, non si può evitare di descrivere e spiegare aspetti scientifici e tecnici, il tutto nel contesto di un'impresa umana. In questo libro ho utilizzato un linguaggio il più semplice possibile per un lettore generico e ho omesso alcune espressioni tipiche del linguaggio scientifico riguardanti l'esperimento, che si colloca all'intersezione tra la fisica delle particelle e l'astrofisica—un campo oggi noto come fisica astro-particellare. Ho incluso anche degli approfondimenti per coloro che possiedono una, anche poca, conoscenza scientifica, e desiderano comprendere più a fondo ciò che viene spiegato nel testo. Questi approfondimenti sono collocati alla fine di ogni capitolo.

2

Il contesto

Esperimento scientifico, cielo, energia solare, stelle, neutrino

Fin da bambino, il cielo notturno mi ha sempre affascinato profondamente, con tutte le sue stelle e la Via Lattea—cose che, a quel tempo, potevano ancora essere osservate senza l'attuale inquinamento luminoso. Il cielo ha affascinato l'umanità sin dalle sue origini e, nel corso dei secoli, le interpretazioni di ciò che vi si osservava si sono evolute, portando infine alla nostra attuale comprensione dell'Universo. Una delle molte lacune nella nostra conoscenza del cielo riguarda i meccanismi che alimentano il Sole e le stelle. L'indagine diretta di questi processi è impossibile con strumenti costruiti dall'uomo a causa delle temperature estreme di questi corpi celesti. Fortunatamente esiste una "sonda" ideale naturale per comprendere ciò che accade al loro interno: si tratta di una particella elementare, il neutrino.

2.1 Un esperimento scientifico

Il tema centrale di questo libro è un esperimento scientifico che ha rivelato come il Sole e le stelle generino la loro luce e la loro energia. Prima di addentrarci nei dettagli di questo argomento, consideriamo alcuni aspetti fondamentali della sperimentazione scientifica: Cos'è un esperimento scientifico? Perché viene condotto? Perché si sceglie un esperimento piuttosto che un altro? Come nasce l'idea di un esperimento? Quali risorse e preparazione sono necessarie per realizzarlo?

Gli scienziati conducono esperimenti per diverse ragioni. Ad esempio, un esperimento precedente potrebbe non aver spiegato adeguatamente i fenomeni indagati, rendendo necessari ulteriori studi per chiarire gli aspetti ancora irrisolti. Oppure, uno scienziato può essere spinto dal fascino di un determinato

© The Author(s), under exclusive license to Springer Nature Switzerland AG 2025
G. Bellini, *Come e perché il sole e le stelle brillano,*
https://doi.org/10.1007/978-3-031-98858-5_2

argomento, che lo spinge a esplorarlo più a fondo. Nel mio caso, ho perseguito l'esperimento qui descritto perché ritenevo che comprendere perché e come il Sole e le stelle brillano fosse una domanda importante e senza tempo per l'umanità. Sentivo anche che fosse essenziale fornire una risposta definitiva a questo mistero.

Spesso la curiosità di uno scienziato viene stimolata da ipotesi teoriche o modelli che necessitano di una verifica sperimentale—l'unico modo per determinare se tali idee rappresentino effettivamente la realtà. Ogni ipotesi, modello o teoria scientifica deve essere sottoposta a verifica sperimentale. Senza una conferma sperimentale, un'ipotesi o una teoria non possono essere considerate come realtà fisiche; rimangono semplici modelli matematici, idee filosofiche o qualcosa di simile. Prendiamo, ad esempio, l'ipotesi di Galileo Galilei agli inizi del XVII secolo: egli propose che tutti gli oggetti cadano verso la Terra con la stessa accelerazione, indipendentemente dalla loro forma o peso. Galileo testò questa ipotesi lasciando cadere oggetti dalla Torre di Pisa, ma i suoi esperimenti erano complicati dalla resistenza dell'aria. Quando divenne possibile condurre esperimenti nel vuoto—eliminando l'attrito dell'atmosfera—si osservò che una piuma e una palla di piombo cadevano con la stessa accelerazione, confermando così l'ipotesi di Galileo.

In alcuni casi, esperimenti diretti non sono fattibili e gli scienziati devono basarsi sulle osservazioni. Si consideri il moto dei pianeti: i modelli che descrivono i loro movimenti si sono evoluti nel corso dei secoli. Inizialmente, questi modelli mescolavano osservazione e idee filosofiche, come la convinzione che le traiettorie celesti dovessero seguire cerchi perfetti. Nel tempo, osservazioni sempre più precise hanno portato al passaggio dal sistema geocentrico tolemaico al modello eliocentrico proposto da Copernico. Keplero perfezionò ulteriormente questo modello abbandonando le orbite circolari in favore di quelle ellittiche, e Newton lo affinò ancora introducendo il concetto di gravitazione universale e utilizzando il calcolo differenziale per calcolare accuratamente i moti planetari. Questa progressione—dall'osservazione alla corretta comprensione del moto planetario—è stata guidata dai dati osservativi, poiché non era possibile eseguire esperimenti diretti sui pianeti stessi.

Un altro esempio è il modello del Big Bang, che ipotizza che l'Universo abbia avuto origine dall'esplosione di una materia estremamente densa e calda. Poiché è impossibile osservare direttamente il Big Bang, questo modello viene verificato attraverso osservazioni dell'Universo a epoche sempre più remote, corrispondenti a momenti sempre più vicini all'evento stesso. Recenti missioni satellitari, dotate di rilevatori molto sofisticati, hanno catturato la radiazione di stelle molto lontane, emessa miliardi di anni fa, fornendo forti indizi a sostegno del modello del Big Bang.

Una volta che l'idea per uno studio scientifico prende forma, il passo successivo richiede che si proceda nella linea del metodo scientifico: progettare un esperimento che provi la validità di essa e sviluppare un rivelatore adatto allo scopo. Per poter procedere è cruciale ottenere il sostegno di agenzie di finanziamento e/o istituzioni scientifiche. La loro decisione di sostenere un esperimento dipende spesso dalla reputazione del proponente all'interno della comunità scientifica, costruita su successi e risultati precedenti, dalla sua dedizione alle attività di ricerca e dalla sua capacità di suscitare interesse e quindi ottenere collaborazione di altri gruppi di ricerca. Una proposta convincente può suscitare interesse—talvolta persino entusiasmo—tra i ricercatori, favorendone la collaborazione. In molti paesi europei, i ricercatori sono liberi di perseguire gli argomenti che li affascinano, guidati esclusivamente dal merito scientifico dell'idea. Al contrario, negli Stati Uniti il processo è un po' diverso: spesso i ricercatori hanno dei contrattii per lavorare su esperimenti specifici definiti.

Intraprendere un esperimento impegnativo richiede fiducia, determinazione e entusiasmo per la ricerca. Il percorso è imprevedibile—potrebbero emergere difficoltà impreviste, che richiedono notevoli sforzi intellettuali e perseveranza per essere superate. Gli esperimenti spesso richiedono lunghe ore di lavoro e sacrifici significativi, ma le ricompense morali e intellettuali possono essere molto appaganti se l'esperimento ha successo e porta a scoperte scientifiche rivoluzionarie.

Un fisico teorico che conosco ha sintetizzato bene questa passione. Quando gli è stato chiesto da quanto tempo lavorasse, ha risposto che non aveva mai lavorato un giorno in vita sua—si era solo divertito perseguendo i propri studi.

La scienza progredisce secondo una sua logica interna, guidata dalla ricerca di una comprensione più profonda dei fenomeni ancora inesplorati o insufficientemente spiegati. La decisione di intraprendere un determinato percorso di ricerca spetta, in ultima analisi, agli scienziati stessi, soprattutto nel campo della scienza fondamentale, dove l'unico obiettivo è svelare i misteri della natura. Questo approccio distingue la scienza applicata dalla tecnologia, dove le scelte possono essere fortemente influenzate da considerazioni economiche e politiche.

2.2 Il cielo sopra di noi

Per i celebri fumettisti francesi René Goscinny e Albert Uderzo, i loro indomabili eroi, Asterix e Obelix, hanno una sola paura: *"que le ciel leur tombe sur la tête"* (che il cielo cada loro sulla testa). Il cielo—quel vasto manto di mi-

Figura 2.1 Cielo stellato con la Via Lattea. (*Fonte: Pixabay*)

nuscole luci sospese sopra di noi—è stato a lungo uno spettacolo chiaramente visibile alle nostre latitudini, almeno fino a poche decine di anni fa. (Fig. 2.1). Tuttavia, a causa dell'inquinamento luminoso, non è più qualcosa che possiamo osservare facilmente, a meno che non ci avventuriamo in alta montagna o in mare aperto, lontano dalle coste. Questa è una grande perdita. Eppure, il cielo non brilla solo di stelle; ancora più importante, splende con i raggi del Sole, che svolgono un ruolo decisivo nel regolare le nostre vite.

Goscinny e Uderzo ambientano le loro storie nel periodo della conquista della Gallia da parte di Giulio Cesare, intorno al I secolo a.C., ma il fascino che il cielo ha esercitato sull'umanità ha avuto origine molto prima, risalendo ai suoi primordi e certamente fin dalla preistoria.

Preistoria

Già nel periodo Paleolitico (da circa 2,7–2 milioni a 10.000 anni fa), quando gli esseri umani erano principalmente cacciatori e raccoglitori e utilizzavano strumenti di pietra scheggiata ma non levigata (Paleolitico significa "Età della Pietra Antica"), si trovano evidenze di un'osservazione sistematica del mondo naturale. Alcuni dei primi esempi risalgono a circa 40.000 anni fa. In Francia,

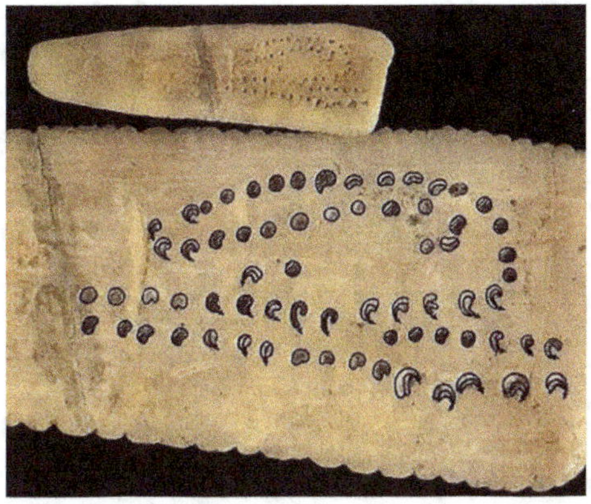

Figura 2.2 Osso d'aquila con una sequenza di segni riconducibili ai cicli lunari (34 mila anni fa). (*Fonte: Anna Maragno—Università di Ferrara—Scienza per tutti—INFN*)

nella regione della Dordogna, è stato scoperto un frammento osseo proveniente dall'ala di un'aquila, datato circa 34.000 anni fa (Fig. 2.2) Le incisioni su questo frammento sono interpretate come cicli lunari, e la loro sequenza suggerisce le fasi di crescita e calo della luna. Segni simili, ritenuti rappresentazioni delle fasi lunari, sono stati trovati su un osso di babbuino risalente a circa 21.000 anni fa, nei pressi del Lago Edoardo, al confine tra Uganda e Congo: quest'osso presenta una serie di simboli incisi su tre colonne, che potrebbero rappresentare un primitivo calendario lunare.

Ulteriori testimonianze provengono dalle grotte di Lascaux, nel sud-ovest della Francia, risalenti a circa il 17.500 a.C. Tra le oltre 6000 raffigurazioni di animali (come cavalli, cervi, bovini, bisonti, felini, uccelli, orsi e rinoceronti), figure umane e simboli astratti, si trovano quelle che possono essere considerate le prime "mappe stellari". Queste rappresentazioni includono stelle particolarmente luminose nel cielo notturno, come l'ammasso delle Pleiadi. Alcuni studiosi ritengono che già nel Paleolitico venissero riconosciute le costellazioni e che, intorno al 16.000 a.C., ad un sistema di venticinque costellazioni.

I nostri antenati comprendevano che, al calare della luce del giorno, il cielo notturno—ornato da un fedele e immutabile manto di luci—sarebbe sempre apparso. Osservavano la luce intensa della Luna illuminare il paesaggio oscuro e spesso pericoloso, riconoscendone il ciclo ricorrente. Questi primi esseri umani non solo possedevano il linguaggio, ma anche la capacità di contare, notando che il ciclo lunare durava circa 29 giorni, un periodo che coincideva approssimativamente con il ciclo della fertilità femminile.

Man mano che gli esseri umani si spostavano sulla Terra, incontravano paesaggi, vegetazione e fauna differenti. Tuttavia, il cielo rimaneva costante,

Figura 2.3 Le pietre di Stonehenge (letteralmente: pietra sospesa). (*Fonte: Pixabay*)

riapparendo ogni sera con variazioni minori legate al ciclo annuale del Sole. Attribuivano qualità divine ai fenomeni che non potevano controllare, come le costellazioni, la pioggia, il vento e il fuoco. Tra queste divinità, il Dio Sole occupava una posizione suprema, governando la vita attraverso il suo ciclo annuale.

Durante il Neolitico (da circa 10.000 a 3500 anni a.C.), queste osservazioni celesti progredirono notevolmente, portando alla codificazione delle costellazioni zodiacali. Il comportamento del Sole venne studiato non solo per ragioni religiose e divinatorie, ma anche per scopi pratici. In questo periodo, l'umanità aveva già compiuto grandi progressi nella domesticazione di animali come pecore, capre, maiali e buoi, oltre che nella coltivazione di cereali e legumi. Gli insediamenti umani si estendevano dalle Ande in Sud America alla Mezzaluna Fertile, dall'Anatolia e ad altre aree del Medio Oriente, fino all'Africa settentrionale e centrale. In questa economia agro-pastorale, la comprensione dei cicli dell'anno era cruciale per attività come la semina, il raccolto e l'allevamento del bestiame.

Una straordinaria testimonianza delle prime conoscenze umane sul comportamento del Sole è l'iconica struttura di Stonehenge (Fig. 2.3). Costruito tra 5000 e 4000 anni fa nella piana di Salisbury, nel sud dell'Inghilterra, questo complesso di enormi monoliti di pietra, alcuni dei quali pesano decine di

Figura 2.4 I raggi del Sole penetrano nel complesso di Newgrange all'alba del solstizio d'inverno. (*Fonte: Pixabay*)

tonnellate, presenta architravi sollevati fino a 8 metri dal suolo. Sebbene probabilmente avesse una funzione religiosa, servendo come una sorta di tempio, il suo aspetto più affascinante è il suo preciso allineamento con il Sole. L'asse principale della struttura è orientato nella direzione del sorgere del Sole al solstizio d'estate. Allineamenti secondari corrispondono al solstizio d'inverno e ai due equinozi, punti chiave intermedi nel viaggio annuale del Sole. Le popolazioni di quest'epoca riconoscevano chiaramente l'importanza fondamentale del Dio Sole per la loro sopravvivenza. Esso divenne una figura centrale nella loro spiritualità, riflettendo la precoce comprensione umana del ruolo del Sole nel plasmare la vita sulla Terra.

Un'altra straordinaria testimonianza dell'ingegnosità neolitica è il monumento di Newgrange in Irlanda (Fig. 2.4), che si ritiene preceda Stonehenge di circa 500 anni. Probabilmente costruito come tomba, Newgrange presenta un allineamento eccezionale: all'alba del solstizio d'inverno, la luce del Sole entra attraverso una stretta apertura sopra il tetto e percorre un corridoio lungo 19 metri, illuminando il pavimento della camera funeraria.

Le prime civiltà storiche

Le prime civiltà storiche fecero progressi significativi in astronomia. I Babilonesi e gli Egizi (3000–2700 anni a.C.) raggiunsero risultati straordinari sviluppando calendari mensili, annuali e stagionali basati su osservazioni altamente precise dei movimenti del Sole e della Luna. Come in epoca preistorica, questi studi avevano sia scopi divinatori—fondendo astronomia e astrologia—sia finalità pratiche legate all'agricoltura e alla vita quotidiana. Contributi un po' più recenti arrivano dai Cinesi e dai Maya.

I Babilonesi dimostrarono un'incredibile precisione nelle loro misurazioni astronomiche del Sole, delle stelle e dei pianeti. Osservarono che il Sole, nel corso di un anno, si muove rispetto alle stelle fisse lungo un percorso che identificarono come l'*eclittica*. Questi movimenti solari spiegavano le variazioni nella durata del giorno e della notte, mentre la Luna completava il suo ciclo in circa un mese. I Babilonesi riuscirono anche a collegare le fasi lunari con la posizione del Sole, permettendo loro di prevedere le eclissi lunari e solari.

Anche gli Egizi dimostrarono una notevole conoscenza astronomica. Ad esempio, l'allineamento della piramide di Giza lungo l'asse nord-sud è accurato entro un margine di soli cinque centesimi di grado! Queste tecniche costruttive estremamente precise erano fondamentali per i navigatori, che determinavano la direzione del Polo Nord allineando due stelle luminose: Mizar nell'Orsa Maggiore e Kochab nell'Orsa Minore. Sia gli astronomi babilonesi che quelli egizi attribuivano gli eventi celesti e l'origine del cosmo a forze divine. Di conseguenza, non svilupparono spiegazioni geometriche o fisiche per la nascita dell'universo.

La visione del mondo della civiltà ebraica, come riflessa nell'Antico Testamento, era fondamentalmente diversa e distinta da quella dei Babilonesi e degli Egizi.

L'età greca

I Greci hanno dato contributi significativi all'astronomia, elaborando e perfezionando le osservazioni delle civiltà precedenti (Fig. 2.5). Per la prima volta, proposero che la Terra fosse una sfera anziché un oggetto piatto e introdussero il concetto di eliocentrismo. I maggiori progressi nacquero nelle scuole di Mileto e Pitagora.

I pensatori della scuola di Mileto, come Talete, Anassimandro e Anassagora, svilupparono la geometria e la trigonometria per interpretare il cielo. Talete utilizzò la geometria per misurare la Terra e dimostrò che il rapporto tra i diametri e le distanze della Luna e del Sole era circa 1:113. Il suo allievo Anassimandro propose che il Sole emettesse luce, mentre la Luna e la Terra fossero corpi opachi, interpretando così correttamente il fenomeno delle eclissi.

Una nuova era iniziò con la scuola pitagorica, che enfatizzava i calcoli numerici e credeva che l'universo fosse governato da numeri, proporzioni, simmetria e armonia. Questa venerazione per la geometria e l'armonia li portò a conside-

Figura 2.5 Affresco di Raffaello nelle Logge Vaticane, datato 1520. Al centro della composizione, Platone e Aristotele sono rappresentati in posizione di rilievo nella parte superiore. Nella sezione inferiore, a sinistra, è raffigurata la scuola di Pitagora, mentre a destra è presente un gruppo di geometri e matematici. Questo celebre affresco, intitolato *La Scuola di Atene* è un capolavoro dell'arte rinascimentale. (*Fonte foto: Wikipedia—Musei Vaticani—Città del Vaticano*)

rare le forme circolari e sferiche come simbolo di perfezione. Di conseguenza, conclusero che tutti i corpi celesti fossero sferici e che i loro movimenti fossero circolari, eterni e mantenuti dall'armonia e dall'intelligenza del cosmo. Affermarono anche che la Terra fosse sferica e seguisse una traiettoria circolare, come tutti gli altri corpi celesti. Ma le loro osservazioni dei movimenti planetari mostravano deviazioni rispetto a orbite perfettamente circolari.

Filolao, allievo di Pitagora, mise in discussione la visione geocentrica. Sostenne che la Terra fosse troppo imperfetta per occupare il centro dell'universo. Propose invece un "fuoco centrale" attorno al quale tutti i corpi celesti, comprese le stelle, la Terra, la Luna, il Sole e i pianeti, ruotavano in orbite circolari. Filolao ipotizzò inoltre che la Terra ruotasse su se stessa, segnando una significativa rottura con le credenze precedenti.

Eratostene fece una straordinaria scoperta misurando con precisione il raggio terrestre. Confrontò l'ombra di un palo ad Alessandria con la posizione del Sole allo zenit a Siene, distante 5000 stadi (1 stadio = 157,5 metri). Dalle sue misurazioni, calcolò la circonferenza terrestre in circa 40.500 km, un valore sorprendentemente vicino alla misurazione moderna di 40.009 km.

Un'altra figura di rilievo fu Aristarco, allievo della tradizione pitagorica, che compì importanti progressi nella misurazione delle distanze celesti. Stimò che la distanza Terra-Luna fosse circa 60 volte il raggio terrestre e dedusse che il diametro della Luna fosse circa un terzo di quello terrestre. Questi risultati dimostrano l'avanzata abilità matematica e osservativa degli astronomi greci. Aristarco fece ulteriori passi avanti tentando di misurare la distanza e le dimensioni del Sole. Osservò che, quando la Luna è illuminata per metà, forma un triangolo rettangolo con la Terra e il Sole. Utilizzando la trigonometria di base, concluse che il Sole si trovava a una distanza 19 volte superiore a quella della Luna. Di conseguenza, stimò che il diametro del Sole fosse 19 volte maggiore di quello lunare, con un volume circa 300 volte più grande di quello terrestre.

Sebbene le misurazioni di Aristarco fossero errate, portando a una sottostima delle dimensioni del Sole, il suo lavoro fu rivoluzionario. Dimostrò che il Sole era molto più grande della Terra, mettendo in dubbio l'idea che il Sole orbitasse intorno a una Terra più piccola. Su questa base, Aristarco propose un modello eliocentrico in cui la Terra ruotava intorno al Sole, spiegando elegantemente le traiettorie apparentemente irregolari di Venere e Mercurio.

Sfortunatamente, la teoria eliocentrica di Aristarco, che anticipava di secoli le idee di Galileo, non ebbe una duratura accettazione. La visione filosofica dominante, influenzata dalla scuola di Aristotele, sostenne l'immobilità assoluta della Terra. Questo modello geocentrico prevalse per secoli, oscurando le intuizioni visionarie di Aristarco.

Aristotele fu profondamente influenzato dal netto contrasto che osservava fra le stelle, che considerava divine e immutabili, e la Terra, che vedeva come imperfetta e soggetta al cambiamento. Egli respinse l'ipotesi eliocentrica di Aristarco, basandosi su argomentazioni astronomiche poco chiare, e riaffermò il modello geocentrico, ponendo una Terra immobile al centro dell'Universo. Seguendo l'insegnamento del suo maestro Platone, Aristotele sosteneva che il moto circolare uniforme fosse la forma più perfetta di movimento. Tuttavia, applicare questa idea al moto osservato dei pianeti presentava notevoli difficoltà. Per affrontare tali incongruenze, Aristotele propose inizialmente un sistema di 26 sfere concentriche con la Terra al centro, successivamente perfezionato da Callippo con l'aggiunta di altre sette sfere. Aristotele ampliò ulteriormente il modello, includendo 55 sfere, fornendo così una struttura che sembrava risolvere le complessità del moto celeste. Le sue teorie astronomiche erano errate, e il contributo più duraturo di Aristotele risiede nella logica. Egli pose le basi del ragionamento deduttivo attraverso il sillogismo (1. *Tutti gli animali muoiono. 2. I cani sono animali. 3. Quindi, i cani muoiono*), il principio di identità (*A non può essere uguale a non-A*) e il principio del terzo escluso (*se A è vero, non-A deve essere falso; non esiste una terza possibilità*). Questi principi costituiscono le fondamenta della logica matematica e formale.

Nel I secolo d.C., Tolomeo ampliò le idee di Aristotele, sostituendo il complesso sistema di sfere con orbite circolari, assicurandosi che non ci fossero spazi vuoti tra esse. Questa concezione geocentrica dell'Universo, sostenuta dall'autorità di Aristotele e dalla famosa espressione *ipse dixit* (*"lo ha detto lui"*), dominò il pensiero scientifico per 15 secoli.

La forza dei fatti e la rivoluzione

La rappresentazione dell'Universo stabilita da Aristotele e Tolomeo resistette fino all'inizio del 1500, ma fu poi smantellata in meno di due secoli. Il merito di questa trasformazione va principalmente a sei figure: il polacco Niccolò Copernico, il tedesco Giovanni Keplero, il danese Tycho Brahe, l'italiano Galileo Galilei e gli scienziati inglesi Isaac Newton ed Edmond Halley. Questi pionieri sfidarono il dominio degli accademici contemporanei, ancora legati alle teorie aristoteliche e tolemaiche, e un clima intellettuale nel quale contraddire la fisica aristotelica era considerato scandaloso. Oltre a confrontarsi con il pensiero dominante, dovettero superare i propri pregiudizi, abbandonando idee radicate di perfezione e bellezza, come la convinzione che il moto circolare uniforme e le forme sferiche fossero quelle dei corpi celesti perché perfetti; e ancora che le stelle fossero immobili, il cosmo finito, che esistesse il cielo Empireo che ospitava la presenza fisica di Dio seguendo una lettura che sembrava letterale dell'Antico Testamento. Un'ulteriore sfida fu accettare il concetto di forze che agiscono a distanza, un'idea difficile da concepire per molti. La vera svolta arrivò con un cambiamento di approccio: si passò dal concettualizzare la natura attraverso il solo ragionamento astratto al metterla in discussione mediante osservazione ed esperimenti. Galileo Galilei espresse questo cambiamento in modo esplicito e pubblico. Il suo metodo, oggi noto come metodo scientifico, stabilì che per comprendere la natura occorre interrogarla e analizzare le sue risposte. Ciò segnò l'introduzione definitiva del concetto di sperimentazione scientifica. In astronomia, questo significava osservazione sistematica, mentre in altre scienze comportava la progettazione di esperimenti per indagare fenomeni specifici. Questo nuovo approccio gettò le basi per lo sviluppo rapido della scienza, che continua ancora oggi.

Niccolò Copernico nacque in una famiglia benestante. Rimasto orfano in giovane età, fu cresciuto dallo zio, un vescovo, che lo inviò a studiare all'Università di Bologna. Oltre a studiare diritto canonico, Copernico seguì le lezioni di astronomia del celebre astronomo Domenico Maria Novara. Tornato in patria, si immerse negli scritti di Tolomeo, ma fu turbato da quelle soluzioni complicate e macchinose ideate per spiegare i moti planetari nel sistema solare. Attraverso calcoli matematici, si rese conto che un modello eliocentrico poteva semplificare notevolmente l'interpretazione delle osservazioni astronomiche. Tuttavia, Copernico rimase fedele all'antica idea del moto circolare uniforme come forma più perfetta di movimento. Per conciliare questa convinzione con il suo modello eliocentrico, introdusse numerosi aggiustamenti complessi.

L'ipotesi eliocentrica, che poneva la Terra in orbita intorno al Sole, richiedeva anche l'accettazione di un cosmo enormemente più vasto per spiegare l'apparente immobilità delle stelle. Questo aspetto rappresentava una sfida diretta al concetto di cielo Empireo, complicando ulteriormente l'accettazione delle sue idee. A causa delle implicazioni teologiche e filosofiche, Copernico ritardò la pubblicazione della sua opera fondamentale, *De Revolutionibus Orbium Coelestium* (*Sulle rivoluzioni delle sfere celesti*), fino al momento della sua morte (Fig. 2.6). Nonostante queste difficoltà, le sue idee prepararono il terreno per una rivoluzione scientifica che avrebbe trasformato la comprensione umana del cosmo.

Alcuni anni dopo, un giovane astrologo danese, Tycho Brahe, arrivò a conclusioni significative studiando il cielo. Scoprì una nuova stella straordinariamente luminosa, diversa da qualsiasi cosa fosse mai stata registrata prima, e una cometa che stimò essere molto distante, oltre l'orbita di Venere. Notò inoltre che la coda della cometa puntava sempre nella direzione opposta al Sole. Queste osservazioni infransero l'antica convinzione che i cieli fossero immutabili e perfetti.

Come molti scienziati del suo tempo, Tycho non era limitato da problemi economici. La sua famiglia era così ricca che il re Federico II, per saldare un considerevole debito con la famiglia Brahe, concesse a Tycho un'intera isola, completa di un castello, servitori e strumenti astronomici all'avanguardia. Sebbene Tycho fosse affascinato dal modello copernicano, non ebbe mai la convinzione necessaria per abbracciare pienamente l'idea di una Terra in movimento. Propose invece un sistema ibrido, in cui la Terra rimaneva centrale e immobile, con il Sole e la Luna che orbitavano intorno alla Terra, mentre gli altri pianeti orbitavano intorno al Sole (Fig. 2.7). Questo compromesso geocentrico, però, introdusse nuove difficoltà, fra le quali il fatto che i corpi celesti attraversassero gli spazi interplanetari, considerati non trasparenti. Nonostan-

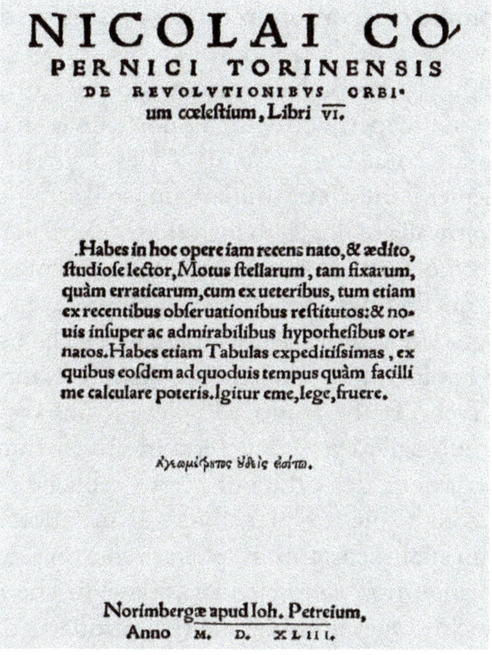

Figura 2.6 De Revolutionibus Orbium Coelestium, 1617 (*Sulle rivoluzioni delle sfere celesti*)

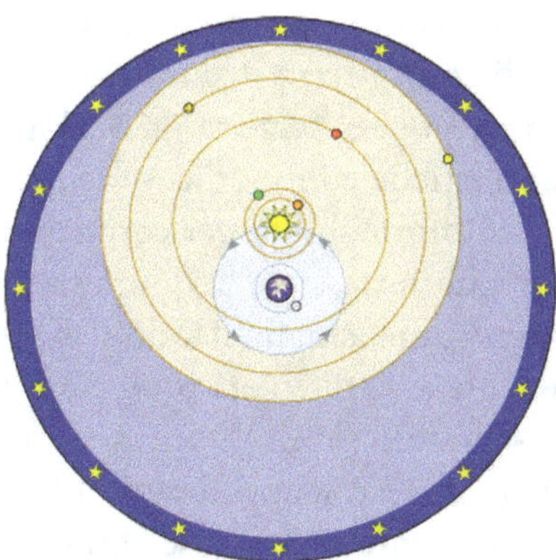

Figura 2.7 Diagramma del sistema di Tycho Brahe. Nel modello di Tycho, la Terra è nuovamente posta al centro del cosmo, con la Luna e il Sole che orbitano attorno ad essa in orbite circolari. Nel frattempo, Mercurio, Venere, Marte, Giove e Saturno orbitano attorno al Sole, il quale a sua volta orbita intorno alla Terra, insieme alle stelle fisse. Questo modello rappresenta un tentativo di conciliare le tradizionali visioni geocentriche con le emergenti idee eliocentriche dell'epoca. (*Fonte: Fastission—Wikipedia*)

te queste limitazioni, le osservazioni precise e dettagliate di Tycho gettarono le basi per futuri progressi nell'astronomia.

All'inizio del 1600, Tycho Brahe invitò un giovane astronomo tedesco, già riconosciuto per le sue scoperte ottenute nonostante la sua povertà e la salute cagionevole, a lavorare come suo assistente. Questo giovane era Giovanni Keplero (Johannes Kepler), che aveva studiato presso il seminario dell'Università di Tubinga, dove, oltre alla teologia, fu introdotto alla matematica e al modello copernicano del cosmo. Keplero trovò il sistema copernicano molto più convincente rispetto a quello tolemaico. Inoltre, comprese che il Sole svolgeva un ruolo cruciale nel guidare il movimento dei pianeti e che una forza sconosciuta faceva muovere i pianeti più velocemente quando erano più vicini al Sole. Prima di morire, Tycho Brahe affidò a Keplero i suoi vasti e meticolosi dati astronomici. Partendo dall'idea di una Terra in movimento, Keplero tentò di perfezionare la spiegazione dell'orbita di Marte, sebbene i suoi calcoli iniziali non riuscissero ancora a spiegare pienamente il suo moto. Tuttavia, grazie a un'osservazione e un'analisi costanti, Kepler arrivò a una scoperta rivoluzionaria: le orbite dei pianeti non sono circolari, ma ellittiche, con il Sole situato in uno dei due fuochi. Questa intuizione rivoluzionaria risolse molte incongruenze e smantellò definitivamente il sistema tolemaico, aprendo la strada a una nuova comprensione della meccanica celeste (Fig. 2.8).

Pochi anni dopo le scoperte di Keplero, Galileo Galilei stava conducendo le sue proprie osservazioni del cielo. Utilizzando un telescopio con un modesto ingrandimento di solo 20x, equipaggiato con nuove lenti realizzate a Murano, vicino a Venezia, Galileo indirizzò il suo sguardo verso la Luna. Osservò che la sua superficie era irregolare, segnata da ondulazioni, cavità circolari e montagne. Queste caratteristiche contraddicevano la credenza prevalente della perfezione celeste e dell'immutabilità dei corpi celesti. Di conseguenza, la lunga distinzione tra il regno terrestre e la quintessenza celeste venne irrevocabilmente messa in discussione, smantellando un altro presupposto che era perdurato per secoli. All'epoca, Galileo era professore all'Università di Padova e passava le sue notti osservando i cieli. Dopo aver studiato la Luna, indirizzò il suo telescopio verso Giove e scoprì dei piccoli punti di luce attorno al pianeta. Tracciando i loro movimenti, si rese conto che si trattava di lune in orbita attorno a Giove. Questa scoperta confutava l'argomento secondo cui se la Terra fosse stata in movimento, avrebbe perso la sua Luna. Inoltre, Galileo notò che Giove e gli altri pianeti apparivano come piccoli dischi attraverso il telescopio, mentre anche le stelle più luminose rimanevano puntiformi. Questa distinzione lo convinse in modo inequivocabile del modello eliocentrico e dell'esistenza di un immenso vuoto tra Saturno e le stelle (Fig. 2.9).

Figura 2.8 A sinistra si trova il monumento dedicato a Keplero e Brahe, situato su una collina di Praga (*Fonte: Wikipedia Creative Commons Attribution-Share Alike 3.0 Unported license*). A destra, una delle pubblicazioni più significative di Keplero

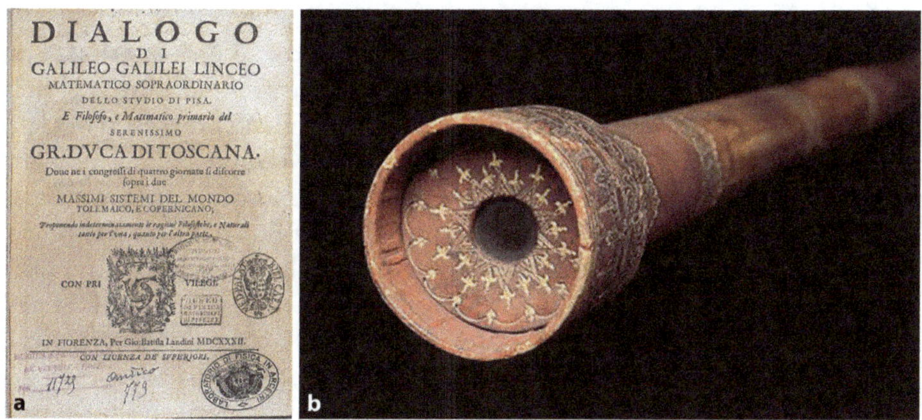

Figura 2.9 A sinistra c'è il frontespizio del "Dialogo sopra i due massimi sistemi del mondo", 1632, dove Galileo confuta sistematicamente il modello tolemaico. A destra c'è uno dei telescopi utilizzati da Galileo. (*Fonte: Wikipedia—sotto la licenza Creative Commons Attribution-Share Alike 4.0 International*)

Galileo affrontò una notevole opposizione alle sue scoperte. La visione scientifica, religiosa e filosofica dell'epoca era profondamente radicata, e le sue idee si scontravano con gli insegnamenti della Chiesa. La Chiesa rifiutò il concetto di una Terra in movimento, poiché contraddiceva un'interpretazione letterale dell'Antico Testamento. Tuttavia, Galileo rimase fermo, affermando che i fatti non potevano essere alterati dall'autorità. Alla fine, 180 anni dopo la morte di Galileo, la Chiesa dichiarò il modello eliocentrico pienamente compatibile con la fede cristiana. Come cristiano devoto, Galileo cercò di conciliare le sue scoperte con le sue convinzioni. In una lettera alla Granduchessa Cristina di Lorena, scrisse: "Io qui direi quello che intesi da persona ecclesiastica costituito in eminentissimo grado, cioè l'intenzione dello Spirito Santo essere di insegnarci come si vadia al cielo, e non come vadia il Cielo."

Gravitazione universale

La Chiave per Comprendere l'Universo. La nuova rappresentazione dell'universo si stava gradualmente formando, ma mancava ancora una spiegazione unificante: è l'ora di Isaac Newton. Newton frequentò il Trinity College per studiare teologia, ma fu molto più affascinato dalle opere di Copernico, Galileo, Keplero e Cartesio che dalla fisica aristotelica prescritta nel suo curriculum. Nel 1665, quando un'epidemia di peste colpì Londra, Newton tornò nella sua città natale nel Lincolnshire, dove il suo isolamento forzato divenne un periodo di straordinaria creatività. Durante questo periodo, Newton sviluppò il calcolo differenziale per analizzare e comprendere il sistema solare. Sebbene il calcolo sia ora formulato in modo diverso, l'approccio di Newton rimase un pilastro dell'astronomia per secoli. La sua scoperta più profonda, tuttavia, fu la legge di gravitazione universale. Sfruttando gli esperimenti precedenti di Galileo sugli oggetti in caduta, Newton stabilì che la gravitazione era una forza che attraeva i corpi l'uno verso l'altro. Galileo aveva già dimostrato che questa forza causava accelerazione, non velocità costante come aveva affermato Aristotele. Newton ampliò questa comprensione, mostrando che la forza gravitazionale aumenta con la massa e la vicinanza. Incorporò anche il principio di inerzia di Galileo: un corpo in movimento, non influenzato da forze esterne, continua il suo percorso con velocità costante. Newton applicò questi principi ai moti del Sole e dei pianeti, abbandonando la concezione aristotelico-tolemaica del moto planetario circolare uniforme in favore delle orbite ellittiche. Stabilì inoltre che la forza che agisce su un corpo è proporzionale al prodotto della sua massa e della sua accelerazione. Tuttavia, un problema irrisolto rimaneva: come potevano agire le forze a distanza? Cartesio aveva proposto l'esistenza di un

Figura 2.10 A sinistra: L'Adorazione dei Magi di Giotto (1305) nella Cappella degli Scrovegni, Padova. Prendendo ispirazione dalla Cometa di Halley da lui osservata nel 1301, raffigurò una cometa come la Stella di Betlemme A destra: Una fotografia della Cometa di Halley durante la sua apparizione nel 1911. (*Fonte: Trentino Cultura accadeoggi*)

"etere" onnipervadente per risolvere questo problema, ma Newton, evitando le speculazioni, attribuì questo mistero all'intervento divino, scrivendo:

> *"Il moto che i Pianeti hanno ora non potrebbe derivare da alcuna causa naturale da sola, ma è stato impresso da un Agente intelligente."*

Newton riconobbe umilmente le scoperte fatte precedentemente come motori delle sue scoperte; è famosa la sua affermazione: "Se ho visto più lontano, è perché stavo in piedi sulle spalle di giganti."

Le leggi di Newton furono validate dalle osservazioni della Cometa di Halley. Usando queste leggi, Halley calcolò il moto della cometa che prenderà il suo nome, proponendo che seguisse un'orbita ellittica o parabolica. Confrontando i registri storici, dedusse che le osservazioni del 1531, 1607 e 1682 si riferivano alla stessa cometa, che appariva circa ogni 75 anni. Prevedendo il suo ritorno il 13 aprile 1759, i calcoli di Halley si rivelarono accurati. Le prove storiche risalivano alla cometa del 1301 (osservata da Giotto), 837, 12 a.C. (potenzialmente la "Stella di Betlemme") e 467 a.C., offrendo una conferma convincente delle leggi universali di Newton (Fig. 2.10). Halley utilizzò anche la meccanica newtoniana per prevedere il transito di Venere attraverso la luce solare. Sebbene non vivesse per vederlo, gli astronomi francesi e inglesi osservarono l'evento il 6 giugno 1761, convalidando i suoi calcoli. Queste osservazioni permisero inoltre la misura della distanza Terra-Sole, stimata in 153 milioni di chilometri, una cifra sorprendentemente precisa rispetto alle misurazioni moderne.

Un numero infinito di stelle Una sfida significativa nell'Universo newtoniano era la semplice ma profonda domanda: perché il cielo notturno è scuro? Questo paradosso suggeriva l'immensità dell'universo. Come aveva sottolineato Giovanni Keplero, se il cosmo fosse infinitamente pieno di stelle, il cielo notturno brillerebbe intensamente. Dopo l'affermazione della gravitazione universale di Newton, che spiegava i moti planetari e cometari, gli astronomi iniziarono a indagare su oggetti oltre il sistema solare.

Nel 1782, William Herschel, insieme a sua sorella Caroline, costruì un telescopio in grado di raccogliere 1000 volte più luce rispetto a quello di Galileo. In oltre 20 anni catalogarono meticolosamente centinaia di migliaia di stelle, producendo la prima mappa della Via Lattea. Il loro lavoro suggeriva che la nostra galassia contenesse milioni di stelle.

Durante lo studio delle stelle doppie—coppie di stelle che appaiono vicine nel cielo—gli Herschel osservarono cambiamenti nell'angolo della linea che univa le stelle, indicando orbite reciproche. La conferma che queste orbite aderivano alle leggi di Newton arrivò successivamente attraverso il figlio di William, John Herschel, che affermò ulteriormente l'applicabilità universale della gravitazione newtoniana.

Gli Herschel identificarono anche oggetti distinti dalle stelle e dai pianeti, che chiamarono nebulose. Attraverso osservazioni approfondite, ipotizzarono che queste nebulose fossero nuvole di gas diffuse che si condensano in ammassi stellari sotto l'influenza della gravità (Fig. 2.11).

Progressi tecnologici: fotografia e spettroscopia

Il XIX secolo portò due strumenti rivoluzionari: la fotografia e la spettroscopia. La fotografia permise agli astronomi di raccogliere luce per periodi prolungati, catturando oggetti celesti che emettono debole luce su lastre fotografiche con straordinaria chiarezza. La spettroscopia, d'altra parte, consentì agli scienziati di scomporre la luce nelle sue frequenze utilizzando prismi ottici.

La luce, essendo un'onda elettromagnetica, varia nel colore in base alla sua frequenza—il numero di oscillazioni al secondo. Quando la luce solare passa attraverso un prisma, si disperde in una sequenza cromatica che va dal rosso al viola, creando quello che Huygens chiamò lo *spettro*. Nel 1814, il fisico tedesco Joseph Fraunhofer studiò lo spettro del Sole e identificò delle linee scure, che dedusse fossero causate dai gas nell'atmosfera solare. Questa tecnica, estesa alle nebulose, confermò che esse erano costituite da gas. L'analisi spettroscopica rivelò anche le composizioni chimiche delle stelle, mostrando che esse contenevano elementi identici a quelli presenti sulla Terra.

Figura 2.11 La Nebulosa Elmo di Thor. (*Fonte: ESO*)

Spettroscopia e struttura atomica

Verso la metà del 1800, gli scienziati riconobbero che ogni elemento chimico produceva un modello spettrale unico, simile a un'impronta digitale. Sebbene il legame preciso tra spettri e composizione atomica fosse ancora poco chiaro, le basi erano state gettate. All'inizio del XX secolo, il fisico danese Niels Bohr, basandosi sugli esperimenti di Sir Joseph John Thomson, James Chadwick e altri, svelò la relazione tra struttura atomica e caratteristiche spettrali, risolvendo questo importante enigma (Fig. 2.12).

Gradualmente, le conoscenze sul cosmo iniziarono a prendere forma. Tuttavia, la comprensione delle immense distanze tra le stelle rimaneva incompleta e non esisteva ancora una prova definitiva che le stelle si trovassero oltre la

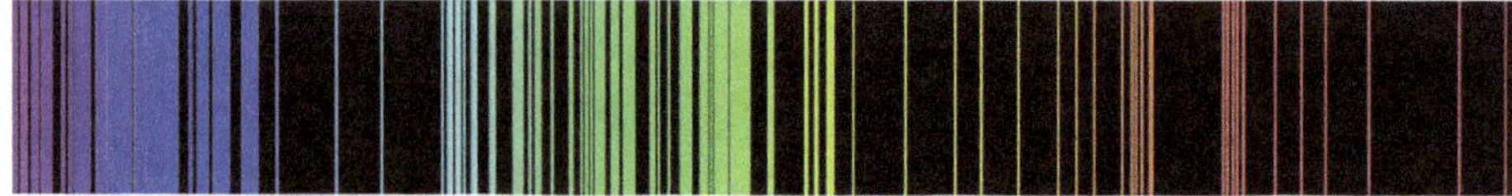

Figura 2.12 Spettro del ferro

Via Lattea. La svolta arrivò grazie a un'astronoma americana, Henrietta Leavitt, che lavorava presso l'Osservatorio di Harvard. Il compito della Leavitt era analizzare migliaia di lastre fotografiche alla ricerca di stelle la cui luminosità variasse periodicamente nel tempo. Si concentrò in particolare su una classe di stelle variabili note come Cefeidi nella Piccola Nube di Magellano, dove scoprì una relazione cruciale: il periodo di variabilità della luminosità di una Cefeide era direttamente legato alla sua luminosità intrinseca.

Questa scoperta fu fondamentale. Tra il 1919 e il 1924, Edwin Hubble utilizzò il potente telescopio del Monte Wilson per osservare le Cefeidi. Misurando la distanza di una di queste stelle, Hubble calcolò che si trovava a circa 930.000 anni luce di distanza. Una seconda Cefeide fornì un risultato simile, pari a 850.000 anni luce. Ciò dimostrò che queste stelle non facevano parte della Via Lattea, ma si trovavano in galassie al di là della nostra.

Questa scoperta sulla vastità dell'Universo contribuì a spiegare un antico enigma: perché il cielo notturno è scuro? La risposta è che queste stelle sono incredibilmente lontane da noi e le une dalle altre, rendendo la loro luce insufficiente a illuminare il cielo notturno. La consapevolezza delle enormi dimensioni del cosmo rappresentò una tappa fondamentale nella comprensione dell'Universo.

Il Cosmo

Lo studio sistematico delle stelle ha rivelato che l'universo contiene probabilmente 2000 miliardi di galassie, ognuna delle quali composta a sua volta da un numero di stelle che può variare da decine di milioni a 1000 miliardi. Tuttavia, la nostra ricerca per comprendere l'universo è tutt'altro che conclusa. Una scoperta cruciale in questa comprensione è arrivata grazie a un effetto che porta il nome del fisico austriaco Christian Doppler. Questo effetto si riferisce al cambiamento del colore della luce emessa dalle stelle in base al loro movimento rispetto a noi: se una stella si avvicina, la sua luce si sposta verso l'estremità blu dello spettro; se si allontana, la luce si sposta verso l'estremità rossa. Da decenni gli scienziati sanno che l'universo è in espansione, e questa scoperta è stata ulteriormente confermata dall'effetto Doppler. Lo spostamento della luce verso l'estremità rossa dello spettro (redshift) indica che le stelle e tutti i corpi celesti si stanno allontanando gli uni dagli altri. Più recentemente, attraverso osservazioni satellitari dotate di rilevatori molto sofisticati, abbiamo scoperto che l'universo non solo si sta espandendo, ma che questa espansione è in accelerazione.

Concludo qui questa breve e incompleta panoramica della comprensione, in continua evoluzione, del cielo da parte dell'umanità. Oltre a queste scoperte, si trovano concetti come la relatività generale, il modello del Big Bang, l'espansione accelerata dell'universo, la materia oscura e l'energia oscura.

2.3   Un tassello mancante

Nella continua e instancabile ricerca per comprendere l'Universo e la sua composizione, molte domande restano senza risposta. Come alcuni di voi già sapranno, scoperte recenti hanno suggerito l'esistenza della materia oscura e dell'energia oscura. Si ritiene che questi componenti dominino il cosmo, riducendo la frazione di Universo tradizionalmente studiata e osservata a solo il 5%.

Tra i misteri ancora irrisolti, una domanda cruciale ha resistito a lungo: quali sono i meccanismi che generano l'energia che alimenta il Sole e le stelle, permettendo loro di brillare così intensamente?

Negli anni '30, il fisico tedesco Hans Bethe propose ipotesi che affrontavano questa domanda. Bethe suggerì che l'energia del Sole venga prodotta attraverso una serie di reazioni di fusione nucleare, che iniziano con la fusione dei nuclei di idrogeno e progrediscono verso altre reazioni nucleari.

La fusione nucleare consiste nella combinazione di due nuclei leggeri per formarne uno più pesante. Il nucleo risultante ha una massa leggermente inferiore alla somma delle masse dei nuclei originali. Per esempio, quando quattro nuclei di idrogeno si fondono per formare un nucleo di elio, la massa dell'elio è inferiore alla somma delle masse dei quattro nuclei di idrogeno. Questa massa "mancante" viene convertita in energia e rilasciata. Questa energia si misura in unità specializzate chiamate elettronvolt (eV), che rappresentano l'energia acquisita da un elettrone quando si muove attraverso un campo elettrico con una differenza di potenziale di 1 Volt. Poiché un eV corrisponde a una quantità di energia molto piccola ($1,6 \times 10^{-19}$ joule cioè poco più di un decimo di miliardesimo di miliardesimo di joule), in fisica si utilizzano spesso multipli maggiori, come chiloelettronvolt (keV), megaelettronvolt (MeV) e gigaelettronvolt (GeV).

Un atomo, elemento fondamentale della materia, è costituito da un nucleo carico positivamente circondato da elettroni carichi negativamente. Il nucleo, molto più piccolo dell'intero atomo, contiene *protoni* (particelle cariche positivamente) e *neutroni* (particelle neutre), che insieme vengono chiamati *nucleoni*. Il numero di protoni nel nucleo determina l'elemento chimico, mentre variazioni nel numero di neutroni danno origine a isotopi, che possono talvolta essere radioattivi.

L'ipotesi di fusione nucleare di Bethe inizia con la fusione di due nuclei di idrogeno per formare il deuterio, un isotopo dell'idrogeno composto da un protone e un neutrone. Questo processo, noto come *catena pp (protone-protone)*, rappresenta il punto di partenza per ulteriori reazioni di fusione. Tra queste vi sono le reazioni che coinvolgono la fusione di nuclei di idrogeno con elettroni (reazioni pep), una reazione tra un nucleo di berillio (Be-7) e un elettrone, e una reazione che coinvolge un nucleo di boro (B-8). Queste quattro reazioni emettono neutrini, particelle che forniscono prove fondamentali dei processi di fusione attraverso le loro energie misurabili.

La catena pp genera una temperatura del nucleo solare di circa 15 milioni di gradi Celsius, sufficiente a mantenere la struttura del Sole. Questo calore crea una pressione che contrasta la forza gravitazionale della materia solare, impedendogli di collassare sotto il proprio peso. Tuttavia, nelle *stelle massive*—quelle con una massa almeno del 30% superiore a quella del Sole—la forza gravitazionale è molto più intensa. In questi casi, la catena pp da sola non è sufficiente per sostenere le stelle, come avviene nel Sole. Negli anni '30, Bethe e Carl von Weizsäcker ipotizzarono un altro meccanismo: il *ciclo CNO*. Questo ciclo opera a temperature dieci volte superiori a quelle del nucleo del Sole e coinvolge la fusione dell'idrogeno facilitata da carbonio, azoto e ossigeno come catalizzatori. I catalizzatori sono sostanze che accelerano le reazioni senza esserne affetti e in questo caso aumentano significativamente la velocità della fusione. Nel ciclo CNO, le reazioni che emettono significativi flussi di neutrini sono due: una che coinvolge l'azoto (N-13) e l'altra l'ossigeno (O-15). Negli approfondimenti A.2.1 e A.2.2 sono dettagliate rispettivamente le reazioni della catena pp e del ciclo CNO.

2.4   Neutrini e neutrini solari, sonde formidabili

Iniziamo con questa domanda: come possiamo studiare il Sole e le stelle quando, a causa delle loro temperature estremamente elevate, nessun strumento umano può penetrarle per uno studio diretto? Non sono mai state inventate sonde capaci di resistere a un calore e a condizioni così intense senza fondersi. Allora, come siamo riusciti a ottenere informazioni su questi corpi celesti? Quale soluzione ingegnosa abbiamo escogitato per affrontare questa sfida?

La verità è che non abbiamo inventato nulla di nuovo; piuttosto, abbiamo sfruttato le proprietà uniche di una particella elementare chiamata *neutrino*.

Ma cosa sono le particelle elementari? Sono i mattoni fondamentali della materia, le componenti di base oltre le quali non esiste nulla di più piccolo. Solo 12 particelle, insieme alle loro antiparticelle corrispondenti, sono davvero elementari. Queste particelle, insieme a tre delle quattro forze fondamentali della natura—cioè la forza nucleare forte, la forza nucleare debole e la forza elettromagnetica (la forza gravitazionale è troppo debole per svolgere un ruolo significativo nella struttura fondamentale della materia)—costituiscono la struttura di base della materia. Esse governano le leggi fisiche che regolano il funzionamento della materia che conosciamo. Tra queste 12 particelle, il neutrino si distingue per caratteristiche uniche.

I neutrini sono particelle elementari così incredibilmente piccole che non siamo ancora riusciti a misurarne la dimensione. Tuttavia, sappiamo che il loro diametro è inferiore a un miliardesimo di miliardesimo di metro. Non hanno carica elettrica e hanno una probabilità straordinariamente bassa di interagire con la materia. I neutrini possono attraversare l'intero Sole, le stelle e persino l'immensa vastità dell'Universo senza subire effetti significativi. Queste proprietà—in particolare la loro capacità di attraversare ambienti inaccessibili—rendono i neutrini delle sonde straordinarie. Raggiungendoci da luoghi come il nucleo del Sole, stelle lontane o persino l'interno della Terra, i neutrini trasportano informazioni preziose sui processi che avvengono in queste regioni altrimenti irraggiungibili. I neutrini esistono in tre forme, spesso chiamate "sapori", che sono al tempo stesso simili e distinte. Sono collegati ad altre tre particelle elementari appartenenti alla famiglia dei leptoni (dal greco *leptós*, che significa "leggero"), un gruppo che comprende anche l'elettrone. Le particelle leptoniche comprendono l'elettrone, il muone (μ, pronunciato "mu" dall'alfabeto greco e noto anche come muone), il tau (τ) e i loro neutrini corrispondenti: il neutrino elettronico, il neutrino muonico e il neutrino tauonico. Secondo tutte le teorie e le prove attuali, un tempo si credeva che questi sapori di neutrino fossero immutabili—cioè che un neutrino elettronico, ad esempio, rimanesse sempre un neutrino elettronico, e lo stesso per gli altri sapori. La loro identità che li distingue dai suoi fratelli, o sapore, è un pilastro fondamentale della nostra comprensione di queste affascinanti particelle.

La convinzione che i neutrini non potessero cambiare "sapore" era una fondamentale convinzione di quello che è conosciuto come il Modello Standard delle particelle elementari. Questo modello descrive e prevede le proprietà delle particelle elementari nonché i meccanismi dinamici che regolano il loro comportamento. Il Modello Standard è costantemente affinato man mano che vengono scoperte proprietà e fenomeni nuovi delle particelle; così è stato

Figura 2.13 Una rappresentazione divertente della famiglia dei neutrini: neutrino elettronico, neutrino muonico e neutrino tauonico. Il muone (rappresentato dalla lettera greca μ) e il tau (rappresentato dalla lettera greca τ), come l'elettrone, sono particelle elementari appartenenti alla famiglia dei leptoni—una delle due principali famiglie di particelle elementari

per i neutrini elementari a seguito della scoperta di un fenomeno imprevisto: durante il loro viaggio di 8 minuti dal Sole alla Terra, i neutrini elettronici (prodotti nelle reazioni nucleari del Sole) possono trasformarsi in neutrini muonici (neutrini μ) o in neutrini tau (neutrini τ). Questo fenomeno, noto come oscillazione dei neutrini, ha avuto implicazioni profonde. Prima di questa scoperta (avvenuta per la prima volta nei neutrini atmosferici con l'esperimento Super-Kamiokande), il Modello Standard assumeva che i neutrini fossero privi di massa. Tuttavia, l'oscillazione dei neutrini può avvenire solo se i neutrini possiedono una massa diversa da zero. Ora sappiamo che i neutrini hanno massa e la loro massa è così piccola che non è ancora stata misurata direttamente.

Il Sole bombarda la Terra con un numero enorme di neutrini: ogni secondo, circa 60 miliardi di neutrini attraversano il singolo centimetro quadrato. Questi neutrini, essendo prodotti dalle reazioni di fusione, sono emessi dal nucleo del Sole (Fig. 2.14 e per confronto Fig. 2.15).

Quando lavoravo al Laboratorio del Gran Sasso, partecipavo occasionalmente a eventi di divulgazione per spiegare la nostra ricerca a un pubblico non scientifico. Durante uno di questi eventi, mentre discutevamo dei neutrini solari, un partecipante preoccupato chiese se questi neutrini potessero essere responsabili dell'aumento dei tassi di infertilità. Lo rassicurai dicendo

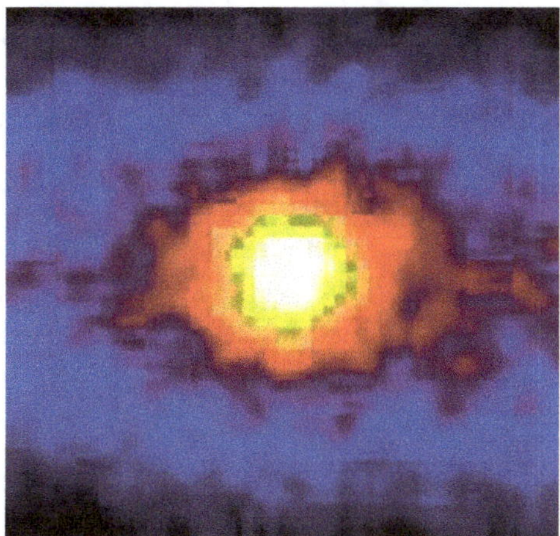

Figura 2.14 Il Sole "visto" attraverso i neutrini che emette. Questa non è una fotografia, ma una registrazione elettronica. I neutrini vengono rilevati dal rivelatore giapponese Super-Kamiokande, che contiene circa 50.000 tonnellate d'acqua. Quando i neutrini—molto raramente—interagiscono con l'acqua, si scontrano con un elettrone, trasferendogli energia. Questa interazione produce luce tramite un fenomeno chiamato radiazione Cherenkov, dal nome del suo scopritore. La luce emessa viene convertita in un impulso elettrico, amplificata elettronicamente e poi elaborata da un computer per creare l'immagine. Straordinariamente, questa immagine basata sui neutrini offre uno sguardo diretto del nucleo del Sole e rivela lo strato più esterno del Sole: la fotosfera solare, o superficie. L'immagine appare inevitabilmente sfocata perché ogni punto è ricostruito con almeno un minimo grado di incertezza, come accade per qualsiasi ricostruzione sperimentale. (*Fonte: Super-Kamiokande*)

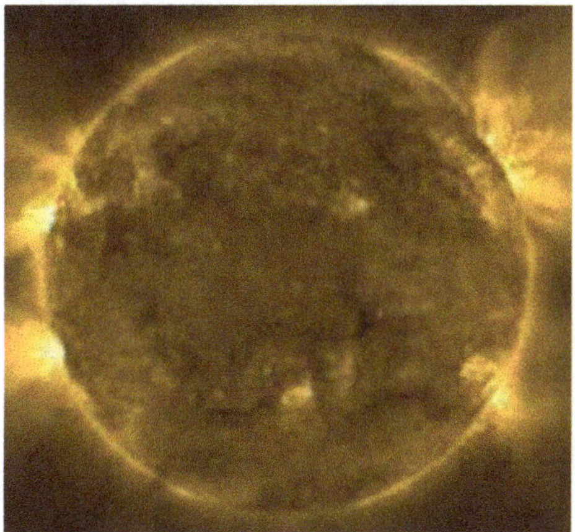

Figura 2.15 Il Sole visto attraverso la luce che emette. L'immagine appare sfocata non a causa della bassa risoluzione, ma perché questa caratteristica è intrinseca a questo tipo di rappresentazione. (*Fonte: CREDIT ESA & NASA/Solar Orbiter/EUI team; Elaborazione dati: E. Kraaikamp (ROB)*)

che l'estremamente bassa probabilità che i neutrini interagiscano con la materia significa che non hanno effetti dannosi sul corpo umano. E comunque i neutrini solari stanno attraversando l'umanità sin dall'alba della nostra specie senza causare alcun danno.

Studiare i neutrini solari, prodotti nel Sole dalle reazioni di fusione nucleare e successivamente emessi, non è un compito facile. Sebbene il numero di neutrini sia straordinariamente elevato, le loro interazioni con la materia sono estremamente rare, rendendo difficile rilevare i segnali da essi causati. Poiché i neutrini sono elettricamente neutri, non producono segnali diretti. Per osservarli, devono scontrarsi con una particella carica—tipicamente un elettrone—che percorre una breve distanza rilasciando l'energia acquisita nell'interazione.

Approfondimento A.2.1

Reazioni di fusione nucleare che costituiscono la catena pp operante nel Sole

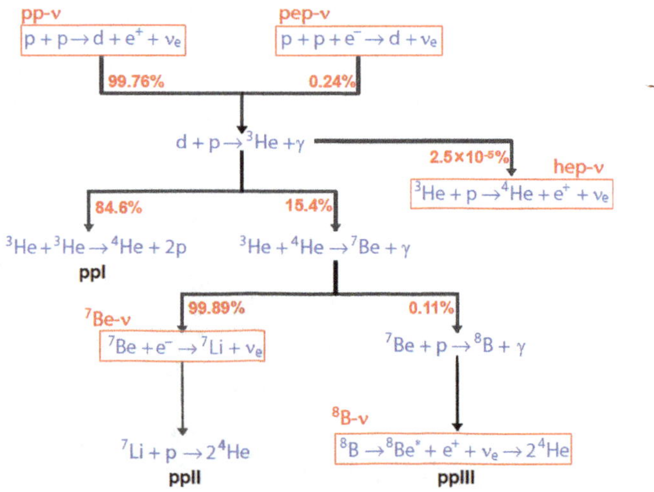

La catena pp rappresenta il 99% della produzione di energia del Sole. Questa serie di reazioni nucleari inizia con la fusione di due nuclei di idrogeno e prosegue attraverso interazioni che coinvolgono nuclei via via più pesanti. Nella figura allegata, cinque reazioni chiave sono evidenziate in bianco. Ciascuna di queste reazioni emette neutrini elettronici, rappresentati dalla lettera greca ν con il pedice *e* (vedi testo precedente).

Approfondimento A.2.2

Il ciclo CNO

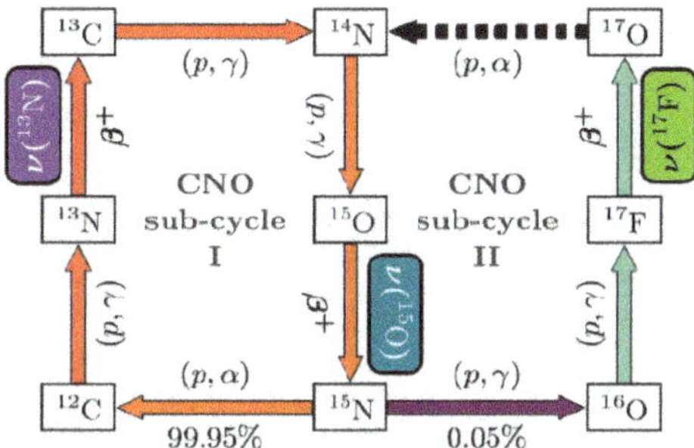

Il ciclo CNO comprende due processi interconnessi: il ciclo primario, rappresentato a sinistra, dominante in assoluto con il 99,95%, all'interno del quale le reazioni che coinvolgono azoto e ossigeno producono neutrini elettronici.

3

La genesi dell'esperimento
Neutrini solari, bassa energia, radiopurezza, una grande sfida

Il concetto di condurre un esperimento di grande innovazione per misurare i neutrini solari a energie estremamente basse—qualcosa senza precedenti in questo campo—viene esplorato. Alla fine, si decide di procedere con l'esperimento descritto in questo libro, impresa rischiosa. Tuttavia, diventa evidente che per raggiungere questo obiettivo è necessario un livello di radio-purezza del rivelatore superiore a quello mai ottenuto in esperimenti precedenti.

In una nebbiosa sera di febbraio, sul finire del pomeriggio, un fisico indo-americano di nome Raju Raghavan, proveniente dai prestigiosi Bell Labs del New Jersey, bussò alla porta del mio ufficio presso il Dipartimento di Fisica dell'Università di Milano. Era venuto per propormi un esperimento sui neutrini solari—neutrini emessi dal Sole. Lo accompagnava un altro fisico americano, di cui non ricordo il nome e che non ho mai più incontrato.

Raju era inizialmente venuto a Milano per parlare con il mio collega Ettore Fiorini, un fisico che aveva studiato i neutrini fin dall'inizio della sua carriera. Tuttavia, all'epoca, Fiorini non era interessato a un esperimento sui neutrini solari. Così, indirizzò Raju a me, poiché avevo esperienza nel coordinare grandi collaborazioni ed ero, in quel momento, il Principal Investigator (PI) di una collaborazione italiana, che coinvolgeva tre istituti, per un esperimento al Fermilab (Fermi National Accelerator Laboratory) vicino a Chicago.

Chiesi a Raju perché si fidasse di me per una proposta del genere. Mi spiegò che aveva ricevuto feedback molto positivi sul mio team di Milano dai suoi contatti al Fermilab. La sua proposta riguardava un esperimento su larga scala che avrebbe richiesto circa 10.000 tonnellate di scintillatore—un materiale che emette luce quando una particella perde energia al suo interno. Tuttavia,

© The Author(s), under exclusive license to Springer Nature Switzerland AG 2025
G. Bellini, *Come e perché il sole e le stelle brillano,*
https://doi.org/10.1007/978-3-031-98858-5_3

l'esperimento avrebbe studiato solo una piccola frazione del flusso di neutrini solari, circa un millesimo del totale. Questa limitazione era dovuta alla presenza di radioattività naturale in tutti i materiali, che, se non sufficientemente soppressa, avrebbe oscurato i rari eventi di neutrini. Come già menzionato, i neutrini interagiscono molto debolmente con la materia, rendendo la loro rilevazione estremamente difficile.

Non avevo mai lavorato con i neutrini, tantomeno con i neutrini solari, che implicavano processi a energie molto basse. Al contrario, il mio lavoro con gli acceleratori di particelle si concentrava su energie molto più elevate, tipicamente nell'ordine di centinaia di GeV. Tuttavia, trovai la proposta intrigante, soprattutto per il grande interesse dell'epoca nei confronti dei neutrini solari e del cosiddetto Problema dei Neutrini Solari, un argomento di intenso dibattito scientifico.

3.1   Il problema dei neutrini solari

Il Problema dei Neutrini Solari nacque da un'errata interpretazione dei risultati ottenuti da quattro diversi esperimenti condotti in Giappone, Italia, Russia e Stati Uniti. Questo fraintendimento era dovuto alla mancanza di conoscenze su una proprietà dei neutrini che non era ancora stata scoperta.

La questione venne portata alla ribalta dall'esperimento progettato e realizzato da Raymond Davis Jr. nella miniera d'oro di Homestake, a Lead, in South Dakota, che operò dal 1970 al 1994.

Vi chiederete perché un esperimento per studiare i neutrini provenienti dal Sole venisse condotto sottoterra, in una miniera. Può sembrare controintuitivo studiare il Sole andando sottoterra. Un mio amico umanista una volta scherzò dicendo che i fisici erano un po' matti, sempre a rincorrere idee stravaganti e purtroppo a spendere grandi somme di denaro per realizzarle.

In realtà, c'è una ragione molto logica per condurre tali esperimenti sottoterra. La rilevazione delle rare interazioni dei neutrini richiede uno schermo protettivo contro la grande quantità di raggi cosmici che bombardano costantemente la superficie terrestre (Fig. 3.1). Questi raggi cosmici saturerebbero i rivelatori posti in superficie, mascherando i pochi segnali delle interazioni di neutrini. Collocando gli esperimenti in laboratori sotterranei, la roccia circostante funge da scudo naturale, assorbendo quasi tutti i raggi cosmici, tranne i neutrini e, in misura minore, i muoni (particelle μ), che vengono in gran parte assorbiti.

Mentre alcuni esperimenti cercavano di misurare il flusso di neutrini solari che arriva sulla Terra, il fisico americano John N. Bahcall sviluppò un modello

Figura 3.1 I raggi cosmici che raggiungono la Terra sono particelle generate nell'alta atmosfera quando particelle ad alta energia provenienti dallo spazio collidono con atomi e molecole dell'atmosfera. Queste collisioni producono particelle secondarie e radiazioni che arrivano fino sulla superficie terrestre. (*Fonte: ASPERA/Novapix/L. Bret-Spazi Culturali—INFN*)

che divenne il pilastro di tutte le ricerche solari: il "Modello Solare Standard" (SSM). Questo modello fu perfezionato per oltre 15 anni e continuò a evolversi grazie ai contributi di diversi fisici sotto la guida di Bahcall. Il SSM assume che il Sole sia sfericamente simmetrico, con un nucleo che ruota lentamente, campi magnetici uniformi e una composizione iniziale di circa il 71% di idrogeno, il 27% di elio e il 2% di elementi più pesanti—valori che corrispondono alla composizione chimica attuale della fotosfera solare. Il modello è progettato per soddisfare le proprietà osservabili del Sole, fornendo previsioni accurate sulla sua massa, luminosità e temperatura superficiale.

Il Problema dei Neutrini Solari nacque, come già detto, dall'esperimento di Ray Davis Jr., che cercava di misurare il flusso dei neutrini solari. I risultati mostrarono solo un terzo del flusso previsto dal Modello Solare Standard (SSM), creando una discrepanza inspiegabile a meno di ipotizzare gravi errori nell'apparato sperimentale o nel modello teorico.

Più di dieci anni dopo, l'esperimento giapponese Kamiokande, situato nella miniera di Kamioka, riportò risultati simili. Kamiokande aveva il vantaggio di confermare l'origine solare dei neutrini rilevati. Questo fu possibile grazie all'utilizzo della radiazione Čerenkov—luce prodotta da particelle relativistiche (particelle che viaggiano con una velocità che è una frazione significativa della velocità della luce = 300.000 km/s) come gli elettroni colpiti dai neutrini. La direzionalità della luce Čerenkov permetteva ai ricercatori di tracciare

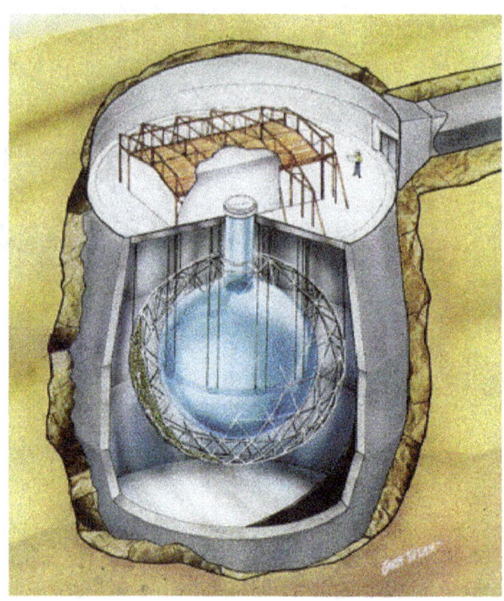

Figura 3.2 Esperimento SNO: la figura mostra il contenitore centrale che ospita l'acqua pesante utilizzata per rilevare le interazioni dei neutrini, la struttura circostante che sostiene gli "occhi elettronici" (i fotomoltiplicatori), che catturano la luce prodotta all'interno del contenitore centrale, e la grande tanica esterna , riempita d'acqua per schermare il rivelatore dalle radiazioni esterne. (*Fonte: Sito SNO*)

il percorso degli elettroni, che conservava in parte la direzione dei neutrini in arrivo.

Questa misura fu successivamente riesaminata dagli esperimenti GALLEX e SAGE: una collaborazione italo-tedesca presso i Laboratori Nazionali del Gran Sasso in Italia e un esperimento russo-americano presso l'Osservatorio di Neutrini di Baksan, in Russia. Entrambi misurarono circa il 60% del flusso di neutrini solari previsto dal SSM.

La soluzione del Problema dei Neutrini Solari era direttamente legata al fenomeno dell'oscillazione dei neutrini, già scoperto nel 1998 da Super-Kamiokande nello studio dei neutrini atmosferici. L'esperimento decisivo fu il Sudbury Neutrino Observatory (SNO) in Canada, operativo dal 1999 al 2013 (Fig. 3.2). SNO utilizzava un rivelatore contenente 1000 tonnellate di acqua pesante e sfruttava la luce Čerenkov prodotta da particelle relativistiche. L'acqua pesante è un composto simile all'acqua normale, ove però l'idrogeno—composto da un protone con carica positiva—è sostituito dal deuterio, un isotopo dell'idrogeno il cui nucleo contiene un protone e un neutrone, quest'ultimo elettricamente neutro. Pertanto, mentre l'acqua è composta da due nuclei di idrogeno e uno di ossigeno (H_2O), l'acqua pesante è composta da due nuclei di deuterio e uno di ossigeno (D_2O). L'esperimento fu installato a 2 chilometri di profondità nella miniera Creighton, vicino a Sudbury, in Ontario.

Esperimento simile fu fatto dal giapponese SuperKamiokande che però non aveva le caratteristiche decisive di SNO.

Questi rivelatori Čerenkov erano in grado di misurare neutrini solari con energie di 5 MeV o superiori, ma non inferiori. Questa limitazione era dovuta alla radioattività naturale presente in tutti i materiali, che pur non dannosa per la salute umana, è sufficiente a oscurare gli eventi di neutrini. Di conseguenza, non basta collocare i rivelatori sottoterra per proteggerli dai raggi cosmici; è necessario anche minimizzare le emissioni di nuclei radioattivi presenti nei materiali e nelle rocce di laboratori sotterranei. I prodotti di decadimento degli elementi radioattivi naturali hanno generalmente energie inferiori a 5 MeV, limitando così lo studio dei neutrini solo a energie superiori a questa soglia. Per rilevare neutrini con energie più basse, la radioattività naturale deve essere ridotta quasi a zero. Inoltre, devono essere affrontate le emissioni provenienti dalle rocce circostanti e dall'atmosfera sotterranea.

Gli esperimenti Homestake, GALLEX e SAGE, che osservavano un flusso di neutrini solari significativamente inferiore a quello previsto dal Modello Solare Standard (SSM), si basavano sulle transizioni di nuclei specifici nei loro rivelatori. Fondamentalmente, queste transizioni potevano essere innescate solo da un tipo specifico di neutrino: il neutrino elettronico. I neutrini solari vengono inizialmente prodotti come neutrini elettronici, ma durante il loro viaggio dal Sole alla Terra, alcuni si trasformano in neutrini muonici o neutrini tauonici.

L'Osservatorio di Neutrini di Sudbury (SNO) risolse il problema dei neutrini solari perché era in grado di rilevare tutti e tre i tipi di neutrini: elettronici, muonici e tauonici. Osservando il flusso totale di tutte e tre le "famiglie" di neutrini, l'esperimento dimostrò che la somma delle interazioni corrispondeva alle previsioni del Modello Solare Standard di John Bahcall. Questo risultato rivoluzionario dell'esperimento canadese SNO non solo risolse il problema dei neutrini solari nel 2002, ma confermò anche, per i neutrini solari, il fenomeno dell'*oscillazione dei neutrini* (già scoperto per i neutrini atmosferici da Super-Kamiokande). Il fenomeno dell'oscillazione dei neutrini viola una regola fondamentale prevista dal Modello Standard della fisica delle particelle, secondo cui i neutrini non possono trasformarsi in tipi—sapori—diversi. L'oscillazione dei neutrini, ovvero la capacità dei neutrini di cambiare e diventare uno dei suoi fratelli—cioè cambiare sapore—durante il loro viaggio, era stata proposta teoricamente anni prima dal fisico Bruno Pontecorvo.

Quasi contemporaneamente a SNO, in Giappone era operativo l'esperimento Super-Kamiokande, che studiava i neutrini solari tramite la luce Čerenkov. Super-Kamiokande affrontò maggiori difficoltà rispetto a SNO nel misurare il flusso di neutrini di tutti i tipi, proprio perché aveva problemi più significativi nella rilevazione di neutrini di tutte le famiglie, la stessa sfida che aveva già incontrato l'esperimento Kamiokande.

3.2   Borex e Borexino

L'esperimento proposto da Raghavan era di grandi dimensioni e si basava su un liquido scintillatore-come già detto, materiale che produce luce quando una particella perde energia in esso- contenente boro. Suggerì di chiamarlo **Borex** (abbreviazione di *Boron Experiment*). A causa della radioattività naturale, questo esperimento avrebbe potuto studiare solo neutrini solari con energie superiori a 5 MeV, similmente ad altri esperimenti in costruzione in quegli anni, come SNO e Super-Kamiokande, anche se avremmo avuto alcuni vantaggi, come una migliore risoluzione, poiché lo scintillatore produce più luce rispetto all'effetto Čerenkov.

La limitazione del range di energie esplorabili fece nascere l'idea di un esperimento più ambizioso e senza precedenti: misurare i neutrini solari a energie molto basse, inferiori a 1 MeV. Raghavan e io iniziammo a coinvolgere i leader di altri gruppi, tra cui Frank Calaprice della Princeton University negli Stati Uniti e Franz von Feilitzsch dell'Università Tecnica di Monaco in Germania, insieme a fisici di Milano, Pavia e Genova. Si unirono anche diversi fisici americani, tra cui Stuart Freedman, noto per i suoi esperimenti di meccanica quantistica su questioni ancora irrisolte, e Martin Deutsch, che aveva scoperto il positronio, un sistema instabile costituito da un elettrone e dalla sua antiparticella, il positrone. Nella primavera del 1988 le discussioni erano in pieno svolgimento e continuarono fino all'estate del 1989, con incontri alternati tra Italia e Stati Uniti, dove stavo ancora lavorando al Fermilab.

L'obiettivo di misurare i neutrini solari a bassa energia significava catturare la maggior parte dei neutrini che raggiungono la Terra, poiché il flusso aumenta esponenzialmente a energie più basse. La proposta evolse quindi nella sostituzione di Borex con un esperimento in grado di rilevare neutrini solari fino da 150 keV. Questo esperimento su scala più ridotta fu chiamato *Borexino*.

La sfida principale di un tale esperimento era sopprimere la radioattività naturale, che emette particelle fino a 5 MeV. I calcoli rivelarono che lo scintillatore doveva avere una radio-purezza non superiore a 10^{-16} *grammi*

Figura 3.3 L'autostrada Roma-L'Aquila-Teramo attraversa un tunnel lungo 12 chilometri. Circa a metà del tunnel, sotto il Corno Grande—il diedro roccioso visibile nella foto—si trova, sulla corsia di destra, il laboratorio sotterraneo del Gran Sasso. Questo sito è protetto da 1400 metri di roccia, equivalenti a circa 4000 metri d'acqua, offrendo condizioni eccezionali per la ricerca scientifica su eventi rari, come le interazioni di neutrini con la materia. (*Fonte: laboratorio del Gran Sasso*)

di contaminanti per grammo di sostanza pura—l'equivalente di un grammo di contaminanti ogni dieci milioni di miliardi di grammi di materiale puro.

Ricordo vividamente una riunione cruciale nel gennaio 1989 presso Argonne National Laboratory, dove lavorava Freedman. Quella mattina partii in auto dal Fermilab con Laura Perasso, una fisica del gruppo di Milano che lavorava con me in quel periodo. Nel pomeriggio iniziò a nevicare intensamente, e temevo che non saremmo riusciti a tornare. Raghavan portò un modello in plexiglass del rivelatore, caratterizzato da un design a nido d'ape con molte piccole celle riempite di scintillatore, un concetto che richiedeva molto materiale e si rivelò impraticabile. Durante quella riunione, decidemmo definitivamente di optare per un singolo contenitore per lo scintillatore-utilizzando così il minimo indispensabile di materiale- una scelta fortemente sostenuta anche da Martin Deutsch.

Entro l'estate del 1989, finalizzammo il concetto di Borexino: un rivelatore "a cipolla", con lo scintillatore al centro, circondato da strati di radio-purezza progressivamente più elevata dall'esterno verso l'interno.

Proposi di installare l'esperimento in Italia, presso il Laboratorio Nazionale del Gran Sasso (LNGS), gestito dall'Istituto Nazionale di Fisica Nucleare (INFN) negli Appennini abruzzesi (Fig. 3.3). La proposta fu rapidamente accolta, poiché il Gran Sasso offriva strutture di gran lunga superiori rispetto ad altri laboratori sotterranei negli Stati Uniti, in Canada o in Giappone. Di conseguenza, gran parte della responsabilità sarebbe ricaduta su di me, dato che il laboratorio si trovava in Italia, e le richieste di finanziamento sarebbero state indirizzate principalmente all'INFN.

Dopo questa decisione, alcuni fisici abbandonarono il progetto, considerandolo troppo difficile o addirittura impossibile. Ricordo ancora la lettera che Friedman mi inviò in quel periodo, esprimendo la sua ammirazione per il mio coraggio nel decidere di proseguire l'esperimento. Ammetteva di non considerare possibile la sua partecipazione, citando l'estrema complessità dell'impresa e l'impossibilità pratica di ottenere finanziamenti negli Stati Uniti.

Grazie alle mie spiegazioni e a seguito di discussioni, l'INFN, in particolare il suo presidente dell'epoca, Nicola Cabibbo, mostrò grande intuito e sostenne il progetto. Questo ci permise di ottenere i finanziamenti necessari per avviare la fase di Ricerca e Sviluppo (R&D). Anche alcune agenzie tedesche contribuirono allo sforzo.

Eravamo all'inizio del 1990.

Per questo esperimento, dovetti parzialmente ricostruire il mio team a Milano. Nove membri del gruppo di Milano che avevano lavorato con me al Fermilab decisero di rimanere lì per ripetere l'esperimento di successo che avevamo recentemente completato, con l'obiettivo di aumentare la precisione statistica dei risultati, ovvero il numero di interazioni che potevano essere ottenute e analizzate. Tuttavia, non ero particolarmente interessato a questa continuazione, poiché a mio parere una statistica più alta avrebbe soltanto rafforzato le misurazioni esistenti senza rivelare nulla di fondamentalmente nuovo. Di conseguenza, solo quattro fisici del gruppo di Milano attivo al Fermilab si unirono al nuovo esperimento. Purtroppo, un tecnico elettronico altamente qualificato e Franco Manfredi, un importante fisico esperto di elettronica, decisero di non partecipare, ritenendo che il lavoro sull'elettronica di Borexino fosse poco stimolante.

Di conseguenza, dovetti reclutare nuovi fisici e ingegneri. Riuscii anche a coinvolgere gruppi di ricerca delle università e delle sezioni INFN di Pavia, Genova e Perugia, oltre alla Princeton University e alla Technical University di Monaco, già nostre collaboratrici. Queste collaborazioni si svilupparono ulteriormente con l'avanzare del progetto.

Prima di concludere questa sezione, vale la pena soffermarsi sulle quattro reazioni nucleari nel Sole che producono neutrini, che ho menzionato in precedenza. Si tratta delle reazioni protone-protone (pp), Berillio-7, pep e Boro-8. La reazione di fusione protone-protone (pp), progenitrice della catena solare, emette un flusso di neutrini con un'energia massima di circa 0,4 MeV. Al contrario, i neutrini prodotti dalle reazioni del Berillio-7 e pep sono monoenergetici, con energie rispettivamente di 0,862 MeV e 1,5 MeV. Il flusso di neutrini della reazione pp è molto più alto rispetto a quello delle reazioni Berillio-7 e pep. Infine, la reazione del Boro-8 produce neutrini con energie fino a circa 16 MeV, ma il suo flusso è significativamente inferiore rispetto agli altri. Un'altra reazione, chiamata hep, produce un flusso di neutrini decisamente troppo piccolo. Se ci fossimo concentrati solo sui neutrini con energie superiori a 5 MeV, avremmo studiato un flusso di circa 1/1000 del flusso totale.

Per una comprensione più approfondita, si può consultare l'Approfondimento A.3.1.

Approfondimento A.3.1

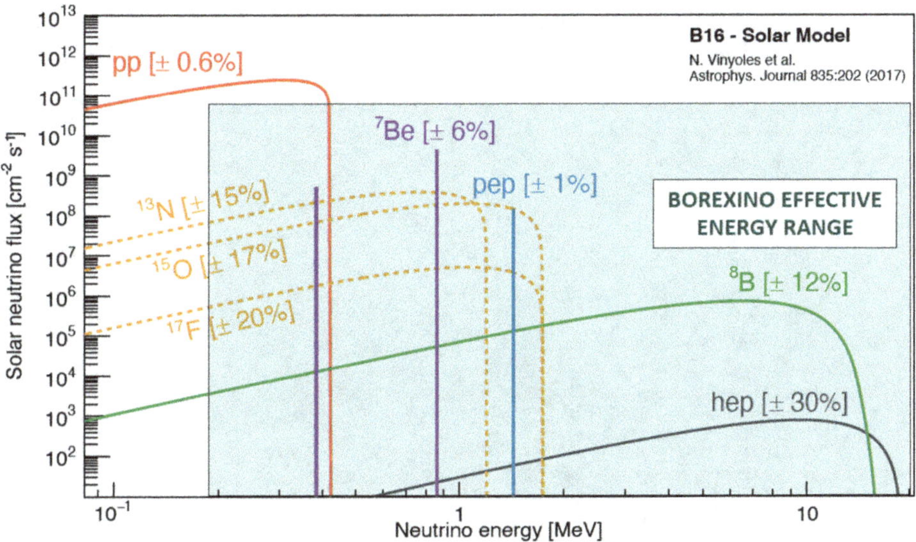

Energia dei neutrini solari: sull'asse orizzontale sono rappresentate le energie dei neutrini, mentre sull'asse verticale è mostrata la frequenza delle energie che hanno i diversi valori. È importante notare che l'asse verticale utilizza una scala logaritmica, il che significa che ogni tacca successiva rappresenta un aumento di dieci volte.

Questa scala mette in evidenza che la frequenza dei neutrini a bassa energia è enormemente superiore a quella dei neutrini ad alta energia. La frequenza massima si verifica per energie inferiori a 1 MeV.

4

La battaglia per un'inedita radiopurezza.

Radiopurificazione, misure di radiopurezza, schermatura, radiopurezza record

Il problema principale dell'esperimento è stato il raggiungimento del livello di radiopurezza necessario. Non solo una tale condizione di radio-purezza non era mai stata raggiunta prima, ma all'epoca non esisteva alcun rivelatore in grado di misurare radio-purezze a quel livello. Di conseguenza, oltre a sviluppare metodi e strutture per ottenere la radio-purezza prevista dal progetto, abbiamo anche costruito un rivelatore, che abbiamo chiamato **Counting Test Facility (CTF)***, per misurare i livelli di radio-purezza raggiunti.*

Dopo vari test e la risoluzione di diverse problematiche, il CTF ha dimostrato che eravamo in grado di ottenere la radio-purezza richiesta. Questo risultato ci ha permesso di ottenere l'approvazione dell'esperimento **Borexino** *da parte dell'INFN insieme ai relativi finanziamenti, oltre a un finanziamento da parte delle agenzie tedesche e successivamente della National Science Foundation degli Stati Uniti.*

Il CTF è stato inoltre un riferimento fondamentale per Borexino, permettendoci di collaudare alcuni aspetti della progettazione dell'esperimento.

4.1 L'avvio

La prima grande sfida di questo esperimento è stata raggiungere un livello di radiopurezza senza precedenti, un'impresa accolta dalla comunità scientifica con ampio scetticismo. Molti ritenevano che una tale purezza fosse irraggiungibile perchè la radioattività naturale permea tutti i materiali, l'aria e l'acqua, rappresentando un ostacolo significativo.

Prendiamo ad esempio l'aria: essa contiene gas radon, un prodotto di decadimento del radio nella catena dell'uranio. Negli spazi chiusi, specialmente sot-

G. Bellini, *Come e perché il sole e le stelle brillano*,
https://doi.org/10.1007/978-3-031-98858-5_4

toterra, il radon può accumularsi fino a livelli pericolosi poiché fuoriesce dalle rocce contenenti radio. Il radon emette particelle alfa—nuclei di elio—che, sebbene innocue perché vengono fermate dalla pelle umana, comportano seri rischi se inalate. Anche l'acqua pone delle sfide. L'acqua sorgiva, come quella che scorre sotto il Gran Sasso, diventa radioattiva attraversando rocce contenenti isotopi radioattivi. Anche i materiali utilizzati per costruire il rivelatore rappresentavano un rischio di contaminazione. Tuttavia, la sfida principale era minimizzare la presenza di isotopi radioattivi nel cuore dell'esperimento: lo scintillatore.

Lo scintillatore, che emette luce quando viene rilasciato in esso dell'energia, era la componente più importante del rivelatore. La sua emissione luminosa era fondamentale per la rilevazione dei neutrini: esso emette fotoni—pacchetti di energia elettromagnetica nel campo della luce—quando le particelle gli trasferiscono energia, generando segnali misurabili.

All'inizio degli anni '90, avviammo un programma per sviluppare metodi in grado di garantire la radiopurezza necessaria del liquido scintillatore. L'impresa si scontrò subito con ostacoli, tra cui il limitato sostegno del personale del laboratorio del Gran Sasso. All'epoca, il laboratorio era ancora agli inizi e mancava di esperienza nel sostenere esperimenti complessi. Di fronte a queste difficoltà, scegliemmo di lavorare in autonomia. Il mio obiettivo era creare un team autosufficiente di fisici e ingegneri, capace di gestire ogni aspetto dell'esperimento senza dipendere dall'esterno. Scherzavo spesso dicendo che dovevamo operare come una "repubblica indipendente", affidandoci al laboratorio solo per questioni di regolamentazione e sicurezza.

Superare le sfide tecniche si rivelò un'impresa a lungo termine. Per esempio, i ritardi nei servizi del laboratorio spesso sembravano insormontabili. Quando una pompa si guastava, il personale del laboratorio chiamava un'azienda esterna, che poteva impiegare almeno una settimana per intervenire. Fortunatamente, un nostro collaboratore Corrado Salvo, fisico e chimico con esperienza tecnica, interveniva frequentemente per risolvere questi problemi rapidamente, aggirando i ritardi. Questo approccio indipendente, unito alla mia insistenza nel chiedere interventi, a volte creava tensioni con gli ingegneri del laboratorio. Li chiamavo spesso—anche la domenica—per risolvere problemi rimasti in sospeso. Una domenica d'inverno, ad esempio, il sistema di riscaldamento smise di funzionare perché il carburante non era stato ordinato in tempo, lasciandoci senza riscaldamento per diversi giorni.

Un problema ancora più critico era il frequente malfunzionamento del gruppo di continuità (UPS) durante le interruzioni di corrente, sovènti nella zona del Gran Sasso. Questi blackout causavano sbalzi di tensione che danneggiavano i fotomoltiplicatori—i nostri "occhi elettronici". Dopo numerosi inconvenienti, installammo un sistema di batterie in grado di garantire autonomia per due giorni, risolvendo parzialmente il problema.

Nonostante queste difficoltà, la nostra determinazione nel superare ostacoli senza precedenti ci mantenne motivati. Il problema non era solo raggiungere alti livelli di radiopurezza ma avere anche un rivelatore in grado di misurarle e quindi capace di constatare se eravamo in grado di raggiungere i nostri obiettivi. Gli spettrometri di massa a sorgente al plasma disponibili all'epoca avevano una sensibilità di una parte su dieci miliardi (10^{-10} g/g), ben lontana dalla nostra necessità di una parte su 10 milioni di miliardi (10^{-16} g/g). Questo divario di sette ordini di grandezza ci portò a costruire il *Counting Test Facility (CTF)*, uno strumento innovativo capace di validare i nostri sforzi. Sebbene la costruzione del CTF abbia ritardato l'esperimento principale, era essenziale per dimostrare la fattibilità del progetto agli enti finanziatori in Italia (INFN), Germania e Stati Uniti, ma anche a noi stessi prima di avviare l'esperimento. Una sfida fu convincere i giovani fisici a impegnarsi in questo progetto a lungo termine, molti dei quali temevano che i ritardi potessero compromettere le loro carriere. Li incoraggiavo sottolineando l'opportunità di contribuire a innovazioni tecniche rivoluzionarie. Alcuni erano ispirati dalle sfide uniche dell'esperimento, altri affascinati dalla sua audacia.

Assumere la responsabilità di coinvolgere giovani fisici all'inizio della loro carriera, responsabilità che presi insieme ai co-leader Calaprice **e** von Feilitsch, era impegnativo, ma la mia fiducia nel potenziale del progetto e il mio intuito fisico—la capacità di valutare la fattibilità di un'idea prima ancora di un'analisi dettagliata—mi convinsero a proseguire. Sebbene l'intuizione possa talvolta fallire, il rigore del controllo sperimentale la affiancava e in questo caso si rivelò preziosa. Guardando indietro, riconosco i rischi che questi giovani fisici hanno corso. Eppure, senza rischio, non si possono ottenere grandi risultati. Il loro coraggio e la loro dedizione furono fondamentali per la realizzazione di questa straordinaria impresa scientifica.

4.2 Inizia la "Mission Impossible"

In mezzo a una serie di sfide, ci siamo dedicati allo sviluppo di metodi innovativi e strumenti specializzati per la radiopurificazione dello scintillatore. Al centro di questo sforzo vi fu una stretta collaborazione con il gruppo di Princeton, tra cui Frank Calaprice, Bruce Vogelar, studenti di dottorato e tecnici. Un contributo fondamentale arrivò dall'ingegnere chimico di Princeton Jay

Benziger, che sviluppò nuovi metodi di purificazione e perfezionò quelli esistenti nel suo laboratorio. Inoltre, Raju Raghavan collaborò con un giovane ricercatore di Pavia, conducendo studi correlati presso il laboratorio di chimica dei Bell Labs per diversi mesi.

Mentre perfezionare i metodi di purificazione in un piccolo laboratorio delle dimensioni di una stanza rappresentava un primo passo essenziale, dimensionarli per purificare qualcosa come $300 \, m^3$ di scintillatore costituiva una sfida completamente nuova. La purificazione su larga scala richiedeva impianti di grandi dimensioni, contenitori specializzati, sistemi di trasporto e apparecchiature complesse. Persino i materiali, sebbene selezionati con la massima attenzione, potevano rilasciare isotopi radioattivi, rendendo cruciale la prevenzione della contaminazione dello scintillatore. Più grande era il sistema di purificazione, maggiore era il rischio, poiché una maggiore quantità di materiale entrava in contatto con lo scintillatore. Per affrontare questa sfida, ci concentrammo sullo sviluppo e su test rigorosi dei metodi di purificazione in laboratorio, prima di adattarli su scala industriale.

Nel corso di tre anni e mezzo, abbiamo affinato e validato una serie di tecniche, stabilendo infine quattro metodi principali di purificazione: *ultrafiltrazione, distillazione a bassa temperatura, estrazione con acqua e stripping con azoto*. Questi metodi funzionavano in sinergia, con il secondo e il terzo operanti alternativamente, mentre gli altri due venivano utilizzati simultaneamente.

Ecco un riepilogo delle tecniche:

- *Ultrafiltrazione*: rimozione delle particelle fino a 10 micron.
- *Distillazione a bassa temperatura*: si opera a temperature ridotte per minimizzare l'estrazione di contaminanti incorporati nelle superfici d'acciaio delle colonne di distillazione.
- *Estrazione con acqua*: sfruttava l'immiscibilità di alcuni contaminanti per separarli nella fase acquosa.
- *Stripping con azoto*: eliminazione delle impurità gassose mediante l'introduzione di azoto ad alta purezza in una colonna di purificazione. Il gas, privo di isotopi radioattivi, fluiva dal basso verso l'alto mentre lo scintillatore entrava dall'alto (Fig. 4.1). L'azoto veniva purificato tramite un sistema criogenico con carboni attivi.

Questi metodi furono sviluppati e implementati nonostante numerose difficoltà secondarie:

- *Proprietà corrosive*: i componenti dello scintillatore erano corrosivi, in particolare per il ferro, il che rendeva necessario l'uso di contenitori in acciaio inossidabile o ferro rivestito con polimeri inerti come il Teflon.

Figura 4.1 La colonna di strippaggio

- *Trattamento delle superfici*: tutte le superfici a contatto con il liquido richiedevano un trattamento meticoloso per rimuovere le impurità incorporate, seguito da una lucidatura a specchio, che garantiva facilità di pulizia e la rimozione di polvere e particolato.
- *Operatori specializzati*: il personale che lavorava al Gran Sasso doveva essere adeguatamente formato sui metodi e sugli accorgimenti per ottenere un'alta radiopurezza o possedere esperienza nella gestione di materiali altamente sensibili.

Ogni aspetto dell'esperimento richiedeva un approccio personalizzato e su misura, riflettendo l'estrema precisione e l'attenzione ai dettagli necessarie per Borexino. Per validare questi metodi, ci affidammo al Counting Test Facility (CTF), strumento di riferimento fondamentale. Il CTF ci permise di testare e perfezionare ogni tecnica di purificazione con la massima accuratezza, garantendone l'efficacia e l'idoneità agli stringenti requisiti di Borexino.

Questo processo meticoloso, che richiedeva pensiero innovativo e test esaustivi, mette in luce l'unicità dell'esperimento e la dedizione di tutti coloro che vi presero parte. Borexino non fu solo un'impresa scientifica, ma una prova di ingegnosità, resilienza e volontà di esplorare territori inesplorati.

4.3   Siamo in grado di vincere la battaglia della radiopurezza?

La costruzione e l'installazione del *Counting Test Facility* (CTF) procedettero in parallelo con lo sviluppo dei metodi di purificazione dello scintillatore. Durante questo periodo, la collaborazione crebbe in modo significativo, riunendo un gruppo eterogeneo e talentuoso di ricercatori.

Due giovani fisici dell'Università di Monaco, Lothar Oberauer e Stefan Schoenert, si unirono al progetto grazie a borse di studio Curie che permisero loro di trascorrere alcuni anni al Gran Sasso. Frank Calaprice di Princeton prese un anno di aspettativa per dedicarsi completamente al lavoro nel laboratorio sotterraneo. Anche il team di Milano si ampliò, con l'arrivo di Gioacchino Ranucci, Marco Giammarchi, Emanuela Meroni, Laura Perasso e Barbara Caccianiga. Caccianiga, una giovane fisica laureata da poco, aveva lavorato con il gruppo di Milano a un esperimento al Fermilab e tornò dagli Stati Uniti per unirsi al nostro gruppo. Altri due borsisti si unirono al progetto, tra cui una promettente giovane ricercatrice che aveva scritto la sua tesi su Borexino. Il suo potenziale era evidente, e riuscii a ottenere un concorso per una posizione permanente all'INFN. Tuttavia, difficoltà personali interruppero il suo percorso quando subì una delusione sentimentale dopo che il suo fidanzato la lasciò. Questi momenti mi ricordarono che, oltre a supervisionare gli aspetti scientifici di un grande esperimento, guidare giovani ricercatori spesso significa anche aiutarli a affrontare le complessità della loro vita personale.

Nel frattempo, nuove collaborazioni arricchirono il progetto. Un gruppo di Pavia, guidato da Giorgio Cecchet, e un gruppo di Genova, coordinato da Giulio Manuzio, si unirono alla collaborazione. Anche un gruppo di chimici dell'Università di Perugia, specializzati nella chimica degli scintillatori, entrò a far parte del progetto. A livello internazionale, mi misi in contatto con il *Joint Institute for Nuclear Research (JINR)* di Dubna, in Russia. La mia precedente collaborazione con il JINR per un esperimento sostenuto dal CERN presso l'acceleratore di Serpukhov negli anni '70 facilitò questo contatto. Oleg Zaimidoroga rispose con entusiasmo e inviò un giovane fisico, Oleg Smirnov, a unirsi al team. Smirnov iniziò il suo lavoro a Milano prima di trasferirsi al Gran Sasso, dove allestì un sistema di test per i fotomoltiplicatori. Nel corso dell'esperimento, Smirnov divenne un fisico essenziale in molteplici aree.

In quel periodo trascorrevo gran parte del mio tempo al Gran Sasso, ma mi impegnai a tornare dalla mia famiglia ogni fine settimana. Avendo già affrontato lunghe assenze durante i precedenti progetti al CERN, a Serpukhov e al Fermilab, conoscevo bene il peso che questo imponeva a mia moglie e alla

Figura 4.2 Il serbatoio esterno del CTF, una grande struttura cilindrica, è installato nella Sala C del laboratorio sotterraneo del Gran Sasso. Posizionato al centro della sala, il serbatoio presenta diversi sistemi di controllo e monitoraggio nella sua sezione superiore. Tra questi, vi è un sistema di registrazione continua per la misurazione dei livelli di radon nell'atmosfera della sala. Ulteriori sistemi visibili nella foto sono componenti ausiliari essenziali per il funzionamento del CTF. Questi non vengono descritti qui, poiché approfondirne i dettagli tecnici potrebbe risultare eccessivamente complesso per il lettore

mia famiglia. Fortunatamente, il Gran Sasso era relativamente vicino: un'ora e mezza di auto fino a Roma, seguita da un'ora di volo per Milano. Il bilanciamento tra lavoro e vita familiare è una delle sfide più grandi per i fisici che operano nella ricerca nucleare e subnucleare, dove il lavoro spesso richiede lunghi periodi in laboratori lontani. Solo grazie al supporto e alla comprensione di coniugi coraggiosi è possibile conciliare una carriera così impegnativa con la vita familiare.

Il CTF fu concepito come una versione ridotta e semplificata di Borexino (Fig. 4.2 e 4.3). Consisteva in 4 tonnellate di scintillatore, identico a quello che sarebbe stato poi utilizzato in Borexino, contenuto in un sottile pallone di nylon. Questo era circondato da 1000 tonnellate di acqua altamente purificata ed era monitorato da 100 fotomoltiplicatori (occhi elettronici) capaci di catturare la debole luce prodotta nello scintillatore, amplificare i segnali e convertirli in impulsi elettronici. La costruzione di questo rivelatore di test

Figura 4.3 La struttura interna del CTF, fotografata da una telecamera all'interno del serbatoio esterno. Si possono vedere il contenitore in nylon dello scintillatore, la struttura con i fotomoltiplicatori montati e i relativi cavi. Questa immagine è stata la copertina di un numero del 1994 della rivista scientifica Science (fonte: *Science*, numero di licenza OP-00165285, data di licenza dicembre 20, 2024). Questa figura è stata riprodotta anche sulla copertina della rivista tedesca Natur Wissenschaften 1997 e in quella ungherese Természet Vilaga 1996

fu estremamente complessa, poiché stavamo appena iniziando a comprendere l'importanza delle precauzioni e delle tecniche necessarie per raggiungere livelli di radiopurezza senza precedenti. Ogni fase richiedeva ingegno e un'attenzione meticolosa ai dettagli. Il CTF divenne un banco di prova fondamentale, permettendoci di affinare i nostri metodi e prepararci, passo dopo passo, agli ambiziosi obiettivi di Borexino.

La Sala C ha notevoli dimensioni: 30 metri di larghezza, 30 metri di altezza e 100 metri di lunghezza. È rivestita con pannelli di alluminio ed è dotata di un ponteggio mobile, che facilita il trasporto di attrezzature pesanti all'interno della sala.

Lo sviluppo e l'installazione del Counting Test Facility si svolsero in collaborazione con diverse istituzioni, discipline e individui, ognuno dei quali apportò la propria esperienza per superare le sfide tecniche e logistiche. I fotomoltiplicatori, una componente cruciale del rivelatore, furono sviluppati in collaborazione con l'azienda britannica EMI. Per ottenere i bassi livelli di radioattività richiesti, furono utilizzati materiali speciali come vetro ad alta purezza, ceramiche e componenti selezionati per altre parti della struttura

Figura 4.4 Impianto di radio-purificazione dell'acqua

del fotomoltiplicatore. Gioacchino Ranucci, nostro ingegnere, dedicò mesi di lavoro a stretto contatto con EMI per perfezionare questi componenti.

Un altro aspetto essenziale fu la costruzione di un impianto di purificazione per l'acqua ultrapura (Fig. 4.4). Questo impianto incorporava quattro sistemi avanzati, tra cui la filtrazione a livello molecolare e una colonna di stripping, nella quale l'acqua veniva immessa dall'alto e l'azoto ultrapuro dal basso. La progettazione e la realizzazione di questo sistema furono guidate da Marco Giammarchi e dal nostro poliedrico tecnico Roberto Scardaoni.

La collaborazione con la Princeton University fu determinante in questo periodo. Il contenitore in nylon fu realizzato a Princeton. Inoltre, un impianto di estrazione con acqua (water extraction) fu progettato per purificare lo scintillatore del CTF, un compito svolto da Jay Benziger, Bruce Vogelar, Fred Loeser e altri membri di Princeton. Steve Kidner, anch'egli di Princeton, giocò un ruolo chiave al Gran Sasso. Si trasferì in Italia con sua moglie, stabilendosi nel pittoresco quartiere Assergi de l'Aquila, vicino al laboratorio. L'entusiasmo di Steve per la bellezza del luogo, la cordialità della gente e l'ottimo cibo rese il suo trasferimento molto naturale. Versatile e poliedrico, fu una risorsa inestimabile, in particolare per i componenti gestiti dai gruppi americani. Da segnalare che il contenitore di nylon dello scintillatore, da 4 tonnellate, fu costruito a Princeton e finanziato dall'INFN, con la Princeton University che di fatto agì come appaltatore.

Il software di acquisizione dati fu sviluppato da Alexey Golubchikov, un talentuoso informatico russo proveniente da Dubna. L'INFN gli fornì un contratto quinquennale, l'unico modo per garantire il suo soggiorno in Italia, dato che Dubna non finanziava personale all'estero. Alexey imparò rapidamente l'italiano e, al termine del suo contratto INFN, si stabilì in Italia con la sua famiglia, trovando lavoro a Roma. Alexey collaborò strettamente con Danilo Giugni, un ingegnere di Milano che progettò e costruì i componenti interni del CTF. La loro collaborazione fu fondamentale per garantire la funzionalità e l'affidabilità del rivelatore.

Un altro collaboratore chiave fu Istvan Manno, un fisico ungherese inviato in Italia da un mio collega dei tempi in cui lavoravo all'École Normale Supérieure in Francia. Istvan lavorò con noi dal 1989 al 1997, inizialmente con contratti INFN e successivamente con finanziamenti degli Affari Internazionali (FAI). Egli sviluppò il codice di ricostruzione e analisi dei dati del CTF, che divenne in seguito la base per il software di elaborazione dati di Borexino. Istvan si trasferì a Milano con la sua famiglia e suo figlio frequentò le scuole italiane, arrivando a parlare un italiano fluente, la cui integrazione fu così profonda che divenne un tifoso appassionato di una delle squadre di calcio di Milano, tanto da tornare a Milano per assistere alle partite più importanti anche dopo che la famiglia era ritornata a Budapest. Il figlio di Istvan in seguito divenne un funzionario del Ministero degli Affari Esteri ungherese, anche grazie alla sua conoscenza di italiano, inglese e francese, acquisita frequentando la scuola italiana.

L'elettronica del CTF, compresi i controlli di processo, il monitoraggio dei fotomoltiplicatori e il software correlato, fu seguita da Gioacchino Ranucci, Emanuela Meroni e Gemma Testera. Questi tre ricercatori, entrati nel team nel 1990, rimasero parte integrante del progetto fino alla sua conclusione. Gioacchino fu il mio braccio destro durante l'intero esperimento, mentre Gemma, una neolaureata di Genova, vinse un posto di ricerca all'INFN e si occupò degli sviluppi hardware e software.

L'ambiente di lavoro al Gran Sasso favoriva un forte spirito di squadra, soprattutto tra coloro che lavoravano direttamente in loco. Ricordo un episodio significativo che coinvolse Gemma, che di solito viaggiava in auto per raggiungere il Gran Sasso. Un giorno ebbe un piccolo incidente stradale, che causò grande preoccupazione, specialmente perché in quel periodo era incinta. Fortunatamente, non riportò conseguenze, ma l'episodio mise in luce il forte legame e la solidarietà all'interno del nostro team.

L'era del CTF rappresentò un esempio straordinario di collaborazione, resilienza e ingegnosità tecnica, elementi essenziali per raggiungere i livelli senza precedenti di precisione e radiopurezza che avrebbero aperto la strada a Borexino.

A quel tempo, il finanziamento era un problema complesso. Ricevemmo fondi dall'INFN, mentre i colleghi tedeschi ottennero finanziamenti dalle proprie agenzie nazionali. Essi costruirono il cilindro di contenimento esterno del CTF utilizzando acciaio al carbonio rivestito con una resina (Permatex). Questa resina proteggeva le pareti isolandole dalle molecole polari dell'acqua ultrapura. Le molecole d'acqua, in quanto dipoli elettrici, hanno una forma ellissoidale. A un'estremità, i due atomi di idrogeno sono privi di un elettrone ciascuno, risultando carichi positivamente, mentre l'atomo di ossigeno all'altra estremità possiede due elettroni extra, creando carica negativa. (Gli atomi con un eccesso o una carenza di elettroni, e quindi elettricamente carichi, sono chiamati ioni). Quando l'acqua viene purificata per rimuovere i contaminanti ionici che altrimenti si legherebbero a un'estremità delle molecole, le molecole di acqua ultrapura possono infiltrarsi tra gli atomi di ferro, rompendo i legami interni del materiale.

Un altro problema che dovetti affrontare fu il pagamento degli stipendi per i russi che vennero in Italia a lavorare con noi, così come per altri italiani essenziali al progetto. Con l'avanzare dell'esperimento, gestire queste esigenze finanziarie e logistiche divenne sempre più difficile.

Trascorrevamo la maggior parte delle nostre giornate nella sala sotterranea, emergendo solo per i pasti alla mensa e, la sera, per la cena e il sonno. Era piuttosto alienante non vedere il Sole per tutto il giorno, ma eravamo così immersi nel lavoro che quasi non ce ne accorgevamo. Ricordo Frank che lavorava in cima al CTF, sempre con la radio accesa a diffondere musica lirica.

Rivestii diversi ruoli, fungendo sia da portavoce e praticamente da responsabile del progetto sia da una sorta di project manager. Col senno di poi, forse fu un errore, perché non avevo il tempo necessario per gestire efficacemente ogni minimo dettaglio. Tuttavia, feci del mio meglio per mantenere tutto coordinato.

4.4   Il momento della verità è arrivato

Il Counting Test Facility (CTF) iniziò la raccolta dati nella seconda metà del 1994, dopo essere stata riempito con scintillatore purificato tramite estrazione con acqua, ultrafiltrazione e stripping con azoto. Il serbatoio interno era stato riempito con acqua purificata proveniente dal nostro sistema di purificazione. Il processo di riempimento con scintillatore iniziò a metà dicembre 1993 e si protrasse fino a gennaio 1994. Fu attentamente sincronizzato: lo scintillatore veniva introdotto nel serbatoio in nylon mentre, contemporaneamente, veniva aggiunta acqua purificata all'esterno, mantenendo livelli identici su entrambi i lati per prevenire la rottura del delicato contenitore in nylon.

Al momento dell'approvvigionamento del componente principale dello scintillatore per il CTF, non avevamo specificato requisiti rigorosi per la radiopurezza. Ricordo l'arrivo della prima autobotte: il suo stato dimostrava chiaramente che non erano state prese precauzioni particolari. Era un normale trasporto chimico. Preoccupato, chiesi all'autista informazioni sulla pulizia della cisterna. Per rassicurarmi, decise di spurgare un po' di azoto contenuto nell'autobotte, un'operazione che non migliorava affatto la purezza del liquido. Tuttavia, riuscimmo a ottenere una purificazione sufficiente grazie al metodo di estrazione con acqua. Come spiegato in precedenza, questa tecnica sfrutta la natura polare delle molecole d'acqua per attrarre e legare le impurità, rimuovendo efficacemente i contaminanti.

Per il riempimento dello scintillatore, il team di Princeton stava predisponendo un sistema di gestione dei liquidi con tubazioni per collegare il rivelatore ai serbatoi di stoccaggio e purificazione. Tuttavia, questo sistema richiedeva ulteriore tempo, un ritardo che volevo evitare dato che le scadenze si stavano accumulando. Dopo aver discusso con vari collaboratori, il gruppo di Monaco intervenne per accelerare il processo. Lothar Oberauer e Tanja Hagner arrivarono al Gran Sasso con una pompa di dimensioni modeste e tubazioni, tutto in Teflon. Il Teflon, essendo praticamente privo di nuclidi radioattivi, era una scelta eccellente. Collegarono questo sistema al serbatoio in nylon all'interno del CTF e il setup fu pronto in tempi record. Il riempimento ebbe luogo durante il periodo natalizio e di Capodanno, un momento in cui molti colleghi erano via con le loro famiglie. Bruce Vogelaar, invece, rimase sul posto, portando con sé suo zio e suo suocero. La sua dedizione in quel periodo fu straordinaria, e gli sono tuttora profondamente grato per il suo impegno.

A gennaio 1994 iniziammo le misurazioni e rilevammo tracce di radioattività naturale dalle famiglie dell'Uranio e del Torio che rientravano nei requisiti del progetto. Questo indicava che i nostri metodi di purificazione erano efficaci. Questi due cicli di decadimento radioattivo sono tra i principali contributori della radioattività naturale, quindi la loro soppressione rappresentava un grande successo. Tuttavia, rilevammo un eccesso inaspettato di conteggi, suggerendo la presenza di altre sorgenti di radiazione nello scintillatore. Inizialmente, questa anomalia non ci preoccupò troppo: pensavamo sarebbe stato facile identificarla e risolverla.

Nel marzo 1995 tenni un seminario presso il laboratorio alla presenza del presidente dell'INFN Luciano Maiani e del consiglio direttivo dell'Istituto. Presentai i nostri dati e risultati, dimostrando la fattibilità del progetto. Nonostante un certo scetticismo persistente da parte della comunità scientifica, Maiani mostrò grande coraggio e approvò il finanziamento per Borexino, impegnandosi al nostro fianco in un progetto dal risultato non ancora garantito. Franz von Feilitsch ci rassicurò ulteriormente promettendo ulteriore supporto finanziario dalle agenzie tedesche.

Frank, che aveva viaggiato dagli Stati Uniti la notte prima del seminario, rischiò di mancare l'evento a causa di un programma molto serrato. Inviai un'auto del laboratorio, un'Alfa Romeo, a prenderlo all'aeroporto di Roma.

L'abilità del conducente nel guidare ad alta velocità evitando pattuglie e multe garantì l'arrivo puntuale di Frank, il quale raccontò di aver preso due jet: uno dagli Stati Uniti a Roma e un secondo da Roma al laboratorio. Quella sera cenammo insieme, ma, sorprendentemente, nonostante l'esito positivo, Frank sembrava un po' abbattuto. Gli chiesi il motivo e lui rispose che non lo sapeva: sentiva che avrebbe dovuto essere felice, ma non lo era. Questo rifletteva la sua indole naturalmente cauta e talvolta pessimista, che spesso contrastava con il mio ottimismo costante.

L'approvazione di un esperimento all'INFN è un processo complesso, che richiede più di una semplice firma del presidente. Le proposte devono passare attraverso diversi comitati scientifici, in particolare il Comitato Scientifico n. 2, che sovraintende agli esperimenti di "fisica passiva" (quelli condotti senza acceleratori). Per Borexino, ciò significava che si doveva risolvere il problema di circa 500 conteggi in eccesso nel rivelatore prima che l'approvazione potesse essere concessa. Senza affrontare questa anomalia, il comitato avrebbe bocciato la nostra proposta senza esitazione.

La collaborazione iniziò un periodo intenso di discussioni e analisi, con innumerevoli riunioni e dibattiti. Furono proposte diverse ipotesi, ma nessuna forniva prove definitive. Io rimanevo convinto che il sistema di purificazione funzionasse correttamente, una posizione che mi attirò forti critiche, in particolare da Martin Deutsch, che liquidò la mia opinione come poco scientifica.

Gioacchino Ranucci ipotizzò invece che l'eccesso di conteggi fosse dovuto a radiazione esterna piuttosto che a un problema nello scintillatore stesso.

Nel dicembre 1995, durante una forte nevicata che ricoprì di bianco i campi e le strade attorno al laboratorio, Ranucci e io decidemmo di condurre un test cruciale. Aprimmo ripetutamente una valvola che collegava le 1000 tonnellate d'acqua che circondava il rivelatore con l'ambiente della Sala C, introducendo dosi di gas radon nell'acqua. Il radon, abbondante nell'aria sotterranea, ci fornì un metodo controllato per studiare l'effetto della radiazione esterna sul rivelatore.

Registravamo i dati per circa quattro ore dopo ogni rilascio di radon, alternandoci nei turni durante la notte. Mentre uno di noi riposava su una branda, l'altro monitorava l'elettronica e il sistema di acquisizione dati. In uno di questi momenti di calma, mi chiesi se il radon dell'acqua potesse diffondersi attraverso la membrana in nylon fino allo scintillatore. Dopo alcuni calcoli, concludemmo che la diffusione del radon attraverso il nylon era estremamente lenta e non rappresentava un rischio significativo di contaminazione. Quella notte si rivelò decisiva. Analizzando i dati, capimmo che l'eccesso di conteggi era effettivamente causato dalla radiazione esterna che penetrava il serbatoio in nylon e raggiungeva lo scintillatore. Ulteriori indagini identificarono la fonte: la resina Permatex che rivestiva la parete interna del serbatoio in ferro. Proteggeva l'acciaio del serbatoio dall'acqua ultrapura ed emetteva radiazioni, anche se a bassi livelli.

Dopo un ulteriore mese di test e interpretazione dei dati, confermammo che i livelli di purezza necessari per l'esperimento erano stati raggiunti. Questa svolta significava che l'esperimento era realizzabile.

Nel settembre 1996, il comitato dell'INFN approvò ufficialmente Borexino!

Il successo del CTF portò non solo soddisfazione scientifica, ma anche problemi politici. A quel punto CTF era diventato il rivelatore più sensibile al mondo sulla scala di tonnellate. Durante un'intervista al Gran Sasso, Frank Hartman, un collaboratore ed ex sommergibilista della Marina degli Stati Uniti, venne interrogato sulla possibilità che il rivelatore potesse segnalare l'ingresso di una nave a propulsione nucleare nel Mar Adriatico. Sebbene la risposta corretta fosse un inequivocabile "no" (ci sarebbe stato probabilmente un aumento di pochi conteggi di interazioni di neutrini, che sarebbero però stati praticamente impossibile distinguere da quelle solari), Hartman rispose affermativamente. Questa dichiarazione apparve sul Corriere della Sera, uno dei quotidiani più letti in Italia. L'articolo scatenò una controversia, spingendo il segretario del Partito Verde a una interrogazione—sia in Parlamento che in Senato—insinuando che il laboratorio del Gran Sasso fosse stato costruito per scopi militari. Il Ministero dell'Università e della Ricerca contattò il presidente dell'INFN, che mi chiese urgentemente un rapporto dettagliato per chiarire la questione. Sebbene la polemica si fosse poi placata, fu un primo segnale di future accuse da parte degli ambientalisti, molte delle quali infondate.

Alcuni amici mi chiedevano come passasse il tempo durante le lunghe notti di raccolta dati. L'esperienza nei laboratori sotterranei è diversa rispetto a quella nei laboratori con acceleratori di particelle. Negli impianti con acceleratori, agli esperimenti vengono assegnati slot temporali fissi—50, 150 o più ore per l'uso dell'acceleratore—che richiede turni giorno e notte perfettamente coordinati per massimizzare l'efficienza. Al contrario, gli esperimenti che dipendono dalle emissioni continue del Sole o da fonti cosmiche non sono soggetti a queste rigide pianificazioni. Durante le notti nel laboratorio sotterraneo, il ronzio delle apparecchiature riempiva il silenzio, creando un'atmosfera unica per riflettere nei momenti di pausa tra un'operazione e l'altra. Per me, questi momenti portavano con sé un misto di emozioni. Provavo un senso di ingenua consapevolezza di contribuire alla conoscenza collettiva dell'umanità, aggiungendo piccoli tasselli alla nostra comprensione dell'universo. Eppure, il pensiero della mia famiglia lontana si affacciava spesso, accompagnato dal dubbio se i sacrifici—miei e dei miei familiari—valessero davvero il prezzo. Nel silenzio del sottosuolo, con meno distrazioni, queste riflessioni diventavano più nitide. Il bilanciamento tra sacrificio personale e ambizione scientifica non è mai semplice, e quelle notti mi ricordavano costantemente il peso di entrambi.

4.5   L'aggiornamento della Counting Test Facility per ulteriori test importanti

Il Counting Test Facility (CTF) è poi stato aggiornato per consentire ulteriori importanti test.

Il CTF ha rappresentato un punto di riferimento cruciale per Borexino. Dopo l'approvazione dell'esperimento e l'importante esperienza acquisita con il CTF, ci siamo concentrati su un significativo problema: prevenire l'ingresso di radon esterno e di altri contaminanti, che avrebbero potuto aumentare i segnali di fondo nel rivelatore a scintillazione. Una possibile soluzione prevedeva l'installazione di un ulteriore pallone in nylon attorno al contenitore del rivelatore per assorbire le radiazioni esterne—un concetto che dovevamo testare utilizzando il CTF.

Durante questo periodo però, abbiamo scoperto che alcuni fotomoltiplicatori (PMT) di CTF non funzionavano correttamente. Per indagare il problema, abbiamo assunto due sommozzatori professionisti di Genova affinché si immergessero nel rivelatore, smontassero e recuperassero i due fotomoltiplicatori difettosi. L'analisi ha rivelato che le sigillature col tempo erano diventate difettose, compromettendo il loro funzionamento. Di conseguenza, abbiamo deciso di svuotare il rivelatore e di sostituire tutti i fotomoltiplicatori con nuovi dispositivi dotati di sigillature migliorate. Per garantire un'adeguata sigillatura, Paolo Lombardi, un ingegnere laureato al Politecnico di Milano che lavorava con noi, e Augusto Brigatti, uno dei nostri tecnici specializzati, hanno trascorso due mesi presso la EMI, l'azienda che aveva lavorato con noi allo sviluppo dei fotomoltiplicatori. Lì hanno allestito un laboratorio dedicato alla sigillatura dei PMT e formato i dipendenti dell'azienda su questo processo. Questa iniziativa non solo mirava a risolvere il problema immediato di CTF, ma serviva anche come preparazione per Borexino, che richiedeva la produzione e la sigillatura di 2.212 fotomoltiplicatori. Questo approccio proattivo ha garantito sia l'affidabilità di CTF che la scalabilità delle nostre soluzioni per un rivelatore come quello di Borexino, decisamente più grande.

Figura 4.5 Montaggio dei fotomoltiplicatori in CTF 2

Figura 4.6 Il CTF2 in funzione. Sono chiaramente visibili il contenitore in nylon che ospita lo scintillatore e lo shroud esterno, che funge da schermo contro le emissioni radioattive esterne. I fotomoltiplicatori sono dotati di concentratori ottici, strutture con pareti in alluminio tirate a specchio e progettate per deviare la luce, che colpisce le pareti, direttamente verso il fotomoltiplicatore, massimizzando così l'efficienza nella raccolta dei fotoni

Per prima cosa, abbiamo preparato 100 fotomoltiplicatori (PMT) con la nuova sigillatura migliorata per essere installati in CTF. Allo stesso tempo, abbiamo colto l'occasione per sostituire i concentratori ottici con versioni più piccole e progettate in modo più efficiente, ottimizzando la loro capacità di dirigere i fotoni verso i PMT (Fig. 4.5). Inoltre, abbiamo installato un altro pallone in nylon, chiamato "shroud" o "contenitore esterno", attorno al rivelatore a scintillazione (Fig. 4.6). Questo segnò il passaggio a quello che abbiamo chiamato CTF2. I test condotti dopo il secondo riempimento del rivelatore ebbero un grande successo. Incoraggiati da questi risultati, decidemmo di integrare uno shroud opportunamente dimensionato nel design di Borexino, migliorando ulteriormente la sua capacità di ridurre i contaminanti e le radiazioni esterne.

5

Prima fase della costruzione del rivelatore
Radiopurezza, sviluppi ad hoc, metodi non standard, scintillatore, attacchi degli ambientalisti, sospensione forzata

Stiamo lavorando alla costruzione del rivelatore. Il compito è estremamente complesso perché il rivelatore tutto deve essere in grado di avere uno standard di radiopurezza all'altezza di quella dello scintillatore e, di conseguenza, in Borexino nulla è standard. Tutti i materiali devono essere selezionati in base alla loro radiopurezza, molte parti vengono sviluppate in collaborazione con aziende esterne, mentre i componenti devono essere scelti sul mercato e successivamente modificati. Questo implica un prolungamento dei tempi di costruzione del rivelatore.

Inoltre, a causa di un piccolo incidente, i lavori di preparazione sono stati interrotti per circa due anni e mezzo su ordine di un tribunale locale. A ciò si aggiunge l'ostilità degli ambientalisti, che in alcuni casi si manifesta come una vera e propria guerra.

5.1 Inizia la "Mission Impossible"

Dopo i risultati ottenuti con il CTF e il supporto dell'INFN per l'esperimento, abbiamo iniziato il nostro lavoro con entusiasmo. Avevamo ricevuto anche finanziamenti da agenzie tedesche, mentre il sostegno americano arrivò solo alla fine del 1997 o all'inizio del 1998.

Gli esperimenti di fisica sono generalmente complessi e richiedono tecnologie avanzate. È fondamentale che i ricercatori che li progettano e realizzano possiedano una varietà di competenze. Questo esperimento, in particolare, era almeno in parte interdisciplinare, coinvolgendo fisica, astrofisica, chimica e, problemi strutturali, ingegneria. La mia priorità era formare un team composto da fisici, ingegneri e persone con solide competenze in chimica.

G. Bellini, *Come e perché il sole e le stelle brillano*,
https://doi.org/10.1007/978-3-031-98858-5_5

L'esperienza degli ingegneri era essenziale sia nella fase di progettazione che in quella di costruzione. Durante la fase di costruzione, dopo aver superato diverse sfide e finalizzato il progetto nei minimi dettagli, era cruciale attenersi ai piani stabiliti. Sebbene possano sempre emergere problemi imprevisti, i cambiamenti dovrebbero essere evitati a meno che non siano strettamente necessari, poiché soluzioni dell'ultimo minuto potrebbero non essere pienamente ponderate. Gli ingegneri erano fondamentali per mantenere questa disciplina, dato che la creatività dei fisici—così essenziale in fase di progettazione—poteva diventare controproducente o persino pericolosa durante la costruzione. Gli ingegneri con cui collaboravamo provenivano dal Politecnico di Milano, in particolare dal corso di laurea in ingegneria nucleare. Essi portavano con sé una combinazione di competenze ingegneristiche e una profonda conoscenza della fisica nucleare e subnucleare.

Nel frattempo, la direzione del laboratorio era cambiata. Il nuovo direttore, Sandro Bettini, un collega di Padova, richiese una revisione di tutte le infrastrutture del laboratorio per adeguarle alle condizioni sismiche dell'area. Pretese inoltre la presenza di un GLIMOS (Group Leader in Matters of Safety). Bettini voleva un profilo sismico più realistico rispetto a quello adottato dalla regione Abruzzo, che riteneva eccessivamente ottimista. Per affrontare questa questione, mi rivolsi al Politecnico di Milano e coinvolsi l'ingegnere Ezio Faccioli, un esperto europeo in studi sismici. Faccioli sviluppò un profilo sismico per l'area basato sui terremoti storici dell'Aquila. Questo profilo fu ufficialmente adottato dal laboratorio e, purtroppo, si rivelò accurato: il forte terremoto dell'Aquila del 2009 corrispose strettamente alle sue previsioni.

Avevamo bisogno anche di un ingegnere specializzato in costruzioni in zone sismiche. Al Politecnico di Milano trovai l'ingegnere Alberto Castellani, responsabile del dipartimento di costruzioni antisismiche. Castellani valutò la Sfera-Stainless Sphere—SSS—e la Tanica d'Acqua—Water Tank—WT (descritti più avanti). Mentre la Sfera era già progettata per resistere ai terremoti, egli calcolò e implementò rinforzi esterni per la Tanica d'Acqua. Ho un ricordo vivido della collaborazione con Alberto Castellani e della profonda stima che nutrivo per lui—non solo per la sua competenza, ma anche per un episodio particolare che desidero raccontare. Il laboratorio aveva commissionato a una società il calcolo della resistenza sismica dell'intero rivelatore. Su nostra richiesta, anche l'ingegner Castellani effettuò la sua analisi. I risultati della società differivano da quelli di Castellani, e i loro ingegneri difendevano con fermezza i propri calcoli, ritenendoli i più accurati. Decidemmo allora di riunirci al laboratorio con Castellani e i rappresentanti della società.

Durante la discussione, Castellani mi chiese un foglio di carta, tirò fuori una penna dalla tasca della giacca e iniziò a scrivere le equazioni relative al problema. Passo dopo passo, dimostrò dove gli ingegneri della società avevano sovrastimato i loro calcoli. Alla fine della sua spiegazione, essi riconobbero che la soluzione di Castellani era corretta. Questa scena è rimasta impressa nella mia memoria, rafforzando la mia convinzione che, a tutti i livelli, prima di ricorrere ai computer o a strumenti simili, si debba innanzitutto avere una chiara comprensione del problema, una visione della sua soluzione e il quadro matematico per tradurlo in calcoli.

Il nostro obiettivo principale era sviluppare un progetto dettagliato per il rivelatore e i suoi sistemi ausiliari. Raggiungere la radio-purezza richiesta per lo scintillatore fu una tappa fondamentale, ma molte sfide restavano ancora da affrontare. L'intero rivelatore doveva essere costruito in modo da preservare questa radio-purezza. Ogni componente e materiale doveva essere attentamente selezionato e realizzato ad hoc. Inoltre, il contenitore dello scintillatore necessitava di uno schermo protettivo contro la radiazione proveniente dalle rocce circostanti e dall'ambiente della sala sotterranea.

Sebbene i 1400 metri di roccia sopra il laboratorio bloccassero la maggior parte dei raggi cosmici, i neutrini passavano indisturbati, e un piccolo numero di muoni (μ) raggiungeva comunque l'esperimento. Questi muoni, circa sei particelle per metro quadrato ogni cinque ore, rappresentavano un problema aggiuntivo.

Struttura del rivelatore

Il design del rivelatore si basa su una struttura sferica a strati concentrici, simile a una cipolla, in cui la radio-purezza aumenta verso il centro. Lo strato più interno, il contenitore dello scintillatore, è circondato da più livelli di protezione (vedi Fig. 5.1).

1. **Inner Vessel (IV)**:
   - Al centro c'è un contenitore sferico in nylon, spesso 125 micron e con un diametro di 8,5 metri, che ospita 280 tonnellate di scintillatore a base di Pseudocumene.
   - **Lo scintillatore**: un solvente organico, lo Pseudocumene (PC), derivato dal petrolio, privo di benzene e non cancerogeno, con un soluto (PPO) a 1,5 g/L, che migliora l'emissione di luce e regola la frequenza della luce emessa per una migliore rilevazione da parte dei fotomoltiplicatori.
2. **Outer Vessel (OV)**:
   - Un pallone in nylon di 11 metri di diametro che circonda l'IV, fungendo da barriera contro le emissioni provenienti dai componenti circostanti.

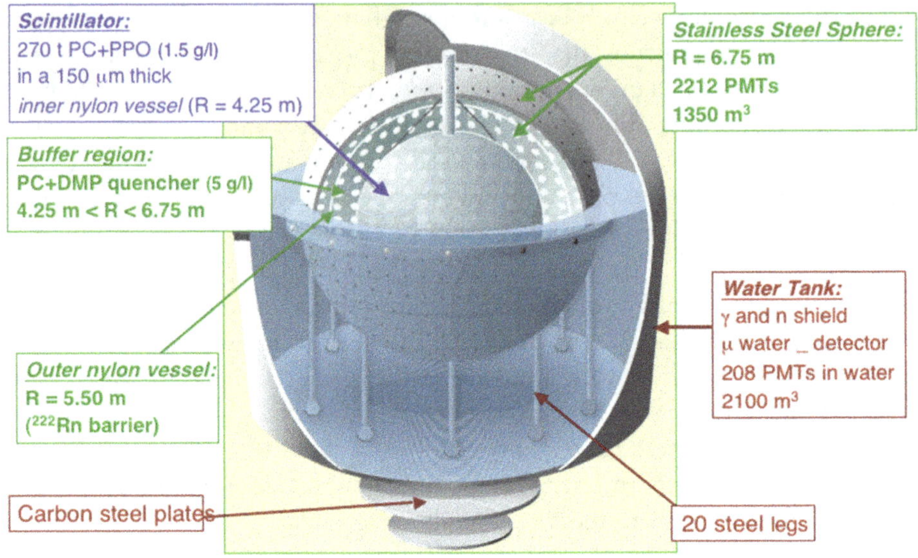

Figura 5.1 Rappresentazione schematica del rivelatore Borexino, accompagnata da brevi descrizioni delle sue componenti

3. **Stainless Steel Sphere (SSS)**:
   - Una sfera di acciaio inossidabile di 13,5 metri di diametro che contiene l'IV e l'OV, e sostiene 2250 fotomoltiplicatori.
   - Lo spazio tra l'IV e la SSS è riempito con 1000 tonnellate di liquido tampone—buffer liquid (pseudocumene con l'aggiunta di DMP, un agente di spegnimento per la bassa emissione fotonica del PC). Il buffer liquid ha il compito di per schermare le radiazioni provenienti dai fotomoltiplicatori, dall'acciaio della SSS e del WT, e da fonti esterne.
4. **Water Tank (WT)**:
   - L'intero sistema è immerso in 2100 tonnellate di acqua altamente purificata, all'interno di un serbatoio cilindrico alto 18 metri e con un diametro di 20 metri.
   - L'acqua fornisce una schermatura contro le emissioni delle rocce e le radiazioni esterne. Inoltre, 208 fotomoltiplicatori monitorano i muoni che attraversano il serbatoio.

Nelle Fig. 5.2 e 5.3 è riprodotto il logo di Borexino, insieme a una fotografia della collaborazione intorno al 1996, quando discutevamo il layout finale del rivelatore.

Durante questo periodo di intenso lavoro, uno dei tanti giornalisti in visita al laboratorio del Gran Sasso mi chiese se il nostro piano fosse quello di

Figura 5.2 Logo dell'esperimento Borexino. Il Sole è raffigurato con lingue di fuoco ed emette neutrini elettronici, che possono raggiungere il Gran Sasso come neutrini elettronici, neutrini muonici (μ-neutrini) o neutrini tau (τ-neutrini)

Figura 5.3 La collaborazione Borexino intorno al 1996. In piedi, da sinistra, ci sono Frank Calaprice, Oleg Zaimidoroga, Gerd Heusser, Raju Raghavan e Jay Benziger, mentre da destra, sempre in piedi, ci sono Emanuela Meroni e Silvia Bonetti; sulla destra, dietro Meroni con il maglione giallo, è visibile Gioacchino Ranucci. In ginocchio, il secondo da sinistra sono io, e il terzo è Marco Giammarchi

costruire un grande rivelatore dopo il CTF. Risposi che stavamo progettando il rivelatore Borexino. Il giornalista osservò allora che avremmo dovuto considerare anche l'estetica del rivelatore, poiché, secondo lui, la scienza e l'arte hanno lo stesso scopo. Risposi che la nostra priorità era affrontare prima le sfide tecniche e scientifiche e che il rivelatore sarebbe stato costruito nel modo più adatto a raggiungere i nostri obiettivi.

La discussione proseguì per un po', anche se vi partecipai solo marginalmente, essendo concentrato su questioni più urgenti. Molti anni dopo, quando eravamo già avanzati nella raccolta dei dati e nell'analisi dei risultati, quella conversazione mi tornò in mente mentre leggevo un articolo su una rivista. Riflettendoci, credo che il giornalista avesse espresso il concetto in modo impreciso. L'unico legame tra arte e scienza risiede nel loro comune interesse a descrivere la realtà, sebbene i metodi e gli approcci siano molto diversi. L'arte trasmette un'interpretazione soggettiva della realtà, mentre la scienza cerca di rappresentarla in modo oggettivo, fornendo risposte basate su esperimenti e osservazioni. Detto ciò, alcuni aspetti del CTF, per esempio, potevano effettivamente essere visti come dotati di una certa qualità estetica.

Quando iniziammo a costruire il rivelatore, sorse una discussione con il gruppo di Monaco, principalmente durante un incontro a Budapest organizzato da Manno, seguito da un secondo incontro in un rifugio di montagna in Baviera, e infine conclusosi all'Università di Monaco, dove venne presa la decisione finale. Il dibattito si concentrava sulla proposta dei colleghi tedeschi di aumentare le dimensioni dell'Inner Vessel e cambiare lo scintillatore. Franz suggeriva di utilizzare un materiale scintillatore liquido chiamato PXE, che aveva il vantaggio di un punto di infiammabilità molto più alto rispetto al pseudocumene (44 °C per lo pseudocumene, il che significava che poteva incendiarsi solo sopra quella temperatura). Tuttavia, il gruppo di Princeton si oppose alla proposta e noi di Milano, avendo il voto decisivo, decidemmo di non apportare questi cambiamenti, in particolare riguardo allo scintillatore. Dopo anni di studio delle proprietà del pseudocumene e delle sue potenzialità di radio-purificazione nel CTF, ricominciare da zero con un nuovo materiale sembrava irragionevole.

Tuttavia, concordammo con il gruppo di Monaco di testare il PXE nel CTF. Questo test, condotto principalmente da Stephan Schoenert e Tania Hagner del gruppo di Monaco, prevedeva un diverso metodo di purificazione tramite Silicagel, su cui non mi soffermerò qui. I risultati mostrarono che la purificazione del PXE nel CTF forniva esiti peggiori rispetto al pseudocumene per Torio, Uranio e soprattutto Carbonio-14, oltre ad altre proprietà inferiori che richiederebbero troppo tempo per essere spiegate in dettaglio.

Alla fine, mantenemmo la nostra decisione originale per il rivelatore.

5.2 Un lungo e difficile lavoro: la costruzione del rivelatore

La costruzione del rivelatore ha richiesto molto tempo, dall'autunno del 1995 fino all'aprile del 2007. Sono molti anni, però per due anni e mezzo, come spiegherò nei paragrafi seguenti, siamo stati costretti a fermarci a causa di una decisione del tribunale di Teramo.

L'inizio della costruzione è stato piuttosto difficile: inizialmente, i finanziamenti erano garantiti solo dall'INFN, mentre le agenzie tedesche hanno chiarito il loro supporto nel 1996, e i fondi americani sono arrivati verso la fine del 1997. Dopo diverse visite con i colleghi statunitensi per cercare di convincere la National Science Foundation (NSF) a sostenere Borexino, chiesi a Luciano Maiani, allora presidente dell'INFN, di accompagnarmi in una visita alla sede della NSF a Washington. Maiani accettò: c'erano già contatti tra INFN e NSF, che sostenevano congiuntamente altri esperimenti. La visita ebbe successo e, alla fine del 1997, Frank Calaprice ricevette il primo finanziamento. In seguito, mi fu detto che anche John Bahcall, padre del Modello Solare Standard (considerato il riferimento per gli esperimenti sui neutrini solari), era intervenuto per iscritto a nostro favore.

Ritenevo che la collaborazione dovesse essere ampliata. Così, visitai il Max Planck Institute a Heidelberg, l'istituzione di Till Kirsten, che aveva condotto l'esperimento Gallex al Gran Sasso, già citato in precedenza. Il gruppo accettò di unirsi a Borexino e si assunse la responsabilità di affrontare tutte le problematiche legate al radon, presente sia nell'aria che nell'acqua. Erano ben attrezzati per misurare livelli estremamente bassi di radon e altri contaminanti, oltre ad avere esperienza nella purificazione dell'azoto, necessaria per il processo di stripping. Inoltre, Heidelberg offriva la possibilità di analisi mediante Attivazione Neutronica, un metodo estremamente efficace per studiare i contaminanti nei materiali. Il membro più esperto in questo campo era Gerd Heusser, che inviò il suo allievo, Mathias Laubenstein, al Gran Sasso. Laubenstein vi rimase stabilmente e condusse misurazioni di routine ad altissima sensibilità.

Visitai anche Parigi per incontrare un gruppo che in precedenza si trovava al Collège de France e che successivamente si era trasferito all'Università di Parigi 7. Tra i colleghi francesi c'era un forte interesse per il nostro esperimento, ma purtroppo era stata presa una decisione a livello nazionale di non finanziare Borexino per concentrare le risorse su un esperimento francese sottomarino sui neutrini cosmici al largo della costa di Marsiglia. Nonostante ciò, collaborarono, anche se in modo limitato, utilizzando fondi universitari, e furono presenti al Gran Sasso.

Poco dopo, la collaborazione si ampliò ulteriormente con l'ingresso di un gruppo del laboratorio Kurchatov in Russia e di un gruppo polacco di Cracovia. Insieme ai gruppi, già presenti, di Princeton, Monaco, Milano, Pavia, Genova e Perugia, riuscimmo finalmente a formare una collaborazione abbastanza solida da affrontare la costruzione del rivelatore. Così, ebbe inizio l'avventura!

Poco dopo l'inizio di questa fase dell'esperimento, Rudolf Mössbauer, premio Nobel per l'effetto che porta il suo nome e, in un certo senso, responsabile di tutte le attività di fisica all'Università Tecnica di Monaco, richiese un incontro con tutti i membri senior dei vari gruppi presenti ai Laboratori del Gran Sasso. Dopo una prima discussione, mi chiesero di uscire dalla stanza per discutere della mia posizione all'interno dell'esperimento, dove fino a quel momento avevo svolto il ruolo di coordinatore. Mössbauer non era d'accordo con il fatto che io fossi il portavoce dell'esperimento. Devo riconoscere la lealtà di Franz von Feilitzsch, capo del gruppo di Monaco, che sostenne che nessun altro avrebbe potuto ricoprire questo ruolo, che avevo gestito efficacemente nonostante le difficoltà dei finanziamenti, arrivati a scaglioni. Alla fine, il mio ruolo di portavoce fu confermato, il che significava essenzialmente che ero responsabile della direzione e del coordinamento del lavoro della collaborazione. Il primo passo fu quello di organizzare una riunione ogni lunedì pomeriggio con tutti coloro che lavoravano stabilmente al Gran Sasso sull'esperimento. L'obiettivo era stabilire il programma settimanale e coordinare il lavoro di tutti i partecipanti. Tuttavia, l'attuazione del piano settimanale si rivelò difficile sin dall'inizio, poiché i responsabili dei vari gruppi spesso davano istruzioni ai loro collaboratori presenti al Gran Sasso senza tenere conto di quanto concordato in riunione o delle mie decisioni.

La costruzione del rivelatore è stata estremamente complessa, poiché ogni materiale, ogni componente doveva essere scelto con la massima attenzione ai dettagli per evitare di contaminare la radiopurezza dello scintillatore e nuovi metodi dovettero essere inventati. Nulla in Borexino è standard!

Abbiamo iniziato selezionando l'acciaio da utilizzare per la sfera SSS (Fig. 5.4) e la Water Tank WT (Fig. 5.5). I campioni di acciaio sono stati analizzati nel laboratorio a bassa radioattività, situato sottoterra al Gran Sasso, da Mathias Laubenstein. Le misurazioni sono state effettuate principalmente utilizzando rivelatori al Germanio ad altissima purezza.

Una volta selezionato l'acciaio idoneo, abbiamo potuto iniziare la costruzione delle strutture principali, come la sfera SSS e la grande Water Tank. In Fig. 5.6 una visione della Sala C durante l'istallazione di Borexino.

Un'altra sfida riguardava i fotomoltiplicatori. All'epoca, il principale produttore era l'azienda giapponese Hamamatsu, che aveva fornito i grandi foto-

Figura 5.4 La sfera in acciaio inossidabile (stainless sphere-SSS) del rivelatore, con un diametro di 13,5 metri (per confronto, l'altezza media di una stanza in un appartamento è di 2,7 metri). Contiene un totale di 1300 tonnellate di liquido e sostiene 2240 fotomoltiplicatori. In questa immagine è in fase di installazione. I fori visibili sulla superficie della sfera sono i punti in cui vengono inserite le parti terminali dei fotomoltiplicatori per il collegamento ai cavi di alimentazione e segnale

Figura 5.5 Il serbatoio esterno (Water Tank—WT) del rivelatore durante l'installazione. All'interno è montata la sfera prin acciaio (SSS). I rinforzi sono stati installati per garantire la stabilità in caso di terremoto, seguendo le istruzioni di Castellani. Nella parte superiore del serbatoio, si possono osservare le cosiddette "canne d'organo", attraverso le quali escono i cavi dei fotomoltiplicatori montati all'interno. In totale, ci sono otto canne

Figura 5.6 Visione della sala C del laboratorio sotterraneo durante l'istallazione del rivelatore dell'esperimento Borexino

moltiplicatori per l'esperimento SuperKamiokande. Tuttavia, non potevamo utilizzare fotomoltiplicatori commerciali a causa di problemi legati alla radio-purezza. Per il CTF, Gioacchino Ranucci si occupò di questa questione e riuscì a trovare una piccola azienda nel Regno Unito: la EMI. Questa accettò di collaborare con noi per sviluppare fotomoltiplicatori personalizzati. Il risultato furono fotomoltiplicatori da 8 pollici, realizzati con vetro, ceramica e altri materiali selezionati con grande cura per la loro bassa radioattività (ho già accennato alla costruzione dei fotomoltiplicatori nel capitolo riguardante il Counting Test Facility).

Per evitare di contaminare il vetro durante la produzione, furono utilizzati crogioli speciali. Tuttavia, questi erano soggetti a rotture quando esposti alle alte temperature necessarie per modellare il vetro. Ci furono problemi con l'azienda perché i crogioli continuavano a rompersi, e noi dovemmo sostenere i costi aggiuntivi. Durante la produzione dei fotomoltiplicatori, questi venivano continuamente testati al Gran Sasso, all'interno della sala di assemblaggio. Il sistema di test fu organizzato da Oleg Smirnov, un ricercatore russo di Dubna, con il significativo contributo di Aldo Ianni, all'epoca laureato all'Università di Perugia. Furono loro a condurre gran parte dei test.

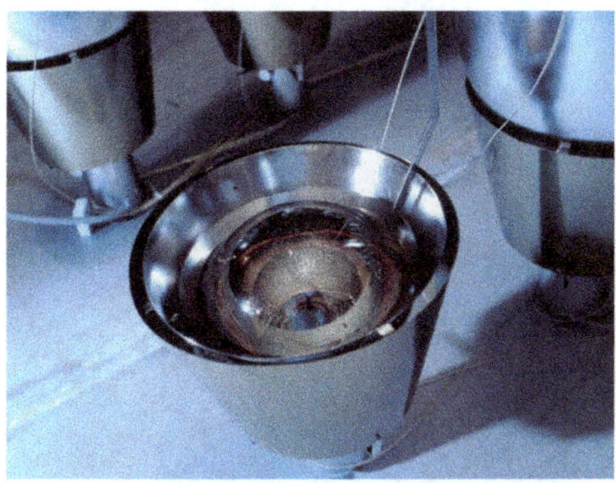

Figura 5.7 Nell'immagine è visibile l'"occhio" del fotomoltiplicatore. All'interno del fotomoltiplicatore, un fotocatodo metallico assorbe i fotoni in arrivo ed emette elettroni. Questi elettroni vengono poi moltiplicati attraverso una cascata di dinodi fino a raggiungere un anodo, che genera un impulso elettrico. Durante il processo di moltiplicazione, gli elettroni possono essere deviati dal campo magnetico terrestre. Per evitare questo effetto, attorno al fotomoltiplicatore è montato un cilindro in "mu-metal", che lo protegge efficacemente dal campo magnetico della Terra

Dovemmo costruire una camera oscura per garantire che i fotomoltiplicatori non fossero esposti alla luce durante i test con il laser. Inoltre, per proteggerli dal campo magnetico terrestre, utilizzammo bobine attraversate da corrente elettrica, che generavano un campo magnetico opposto a quello della Terra, annullandolo di fatto. Ogni bobina poteva ospitare fino a otto fotomoltiplicatori alla volta. Ma, alla fine, per ragioni pratiche, decidemmo di utilizzare per i fotomoltiplicatori nel rivelatore il mu-metal, un materiale magnetico in grado di schermare il campo magnetico terrestre (Fig. 5.7 e 5.8).

La sigillatura dei fotomoltiplicatori è stata eseguita dal personale della EMI in un laboratorio che abbiamo allestito presso la loro azienda, lo stesso utilizzato durante la fase CTF 2.

Le attività descritte finora si sono svolte direttamente presso i Laboratori del Gran Sasso, ma molte altre parti del rivelatore sono state preparate presso le varie istituzioni di appartenenza e successivamente trasportate al Gran Sasso. Un esempio è la preparazione del contenitore dello scintillatore-Inner Vessel (IV), circondato dal Outer Vessel, che è stata effettuata presso l'Università di Princeton. Qualsiasi materiale esposto all'aria tende a contaminarsi con particolato che può depositarsi sulle superfici e renderle radioattive. Per evitare questa contaminazione, tutte le operazioni relative al contenitore dello scintillatore—dall'estrusione della materia prima alla preparazione dei fogli di nylon di spessore 125 micron—sono state eseguite in una camera bianca.

Figura 5.8 Lo stesso fotomoltiplicatore della figura precedente, con il concentratore ottico montato. I concentratori ottici aumentano l'area di cattura dei fotoni, poiché reindirizzano verso l'"occhio" del fotomoltiplicatore i fotoni che li colpiscono. Sono realizzati in alluminio purificato per rimuovere eventuali impurità sulla superficie, e presentano una finitura a specchio. Questa finitura facilita sia la pulizia da polvere e particelle, sia l'elevata efficienza nel reindirizzare i fotoni

Ma vi chiederete: che cos'è esattamente una camera bianca? Una camera bianca è un ambiente in cui l'aria viene filtrata per trattenere tutte le particelle più grandi di un decimo di millimetro. La stanza viene pulita accuratamente con detergenti e acidi, e l'accesso è consentito solo a persone coperte da tute in tessuto plastico trattato per essere privo di polvere e particelle, con cuffie e maschere. Le camere bianche sono classificate in base al loro livello di pulizia: ad esempio, una camera di Classe 100 significa che non possono esserci più di 100 particelle di polvere o particolato per piede cubo d'aria (si adotta questa unità di misura perché le camere bianche sono state sviluppate per prime in ambiente anglosassone, cioè negli Stati Uniti). Esistono anche camere di Classe 1000 e 10.000, mentre raggiungere la Classe 10 è estremamente difficile. In alcuni casi, come per i componenti del rivelatore a contatto con lo scintillatore, come i fogli di nylon, il solo filtro dell'aria non è sufficiente, poiché il Radon-222, date le sue dimensioni atomiche, non può essere trattenuto dal filtro.

Figura 5.9 La camera bianca di Princeton, dove il nylon è stato estruso, il materiale assemblato e l'IV (circondato dall'OV) è stato costruito; è dotata di un sistema criogenico per eliminare il radon. Gli operatori indossano uniformi sterili e maschere per isolarsi dall'ambiente e prevenire la contaminazione della stanza. Vale la pena notare che il respiro umano è una delle principali fonti di contaminazione nelle camere bianche

In queste situazioni, viene utilizzato un sistema criogenico per eliminare il Radon. Questo è stato il caso della camera bianca di Classe 100 utilizzata per la costruzione e l'assemblaggio del contenitore interno (IV) dello scintillatore e del suo rivestimento (Fig. 5.9). La costruzione dell'inner Vessel è stato fatto sotto la guida di Cristiano Galbiati, che aveva sviluppato la sua tesi su Borexino nel nostro gruppo e completato il dottorato di ricerca a Milano. In seguito, è entrato a far parte del gruppo di Princeton, inizialmente con un contratto, per poi ottenere incarichi sempre più importanti. Insieme a lui ha lavorato anche un altro proveniente dall'Universita' di Milano, e cioè Andrea Pocar.

Il contenitore interno e il suo rivestimento sono stati successivamente trasportati ai Laboratori del Gran Sasso, dove sono stati conservati in una struttura con umidità controllata per evitare che il nylon si seccasse e diventasse fragile.

Figura 5.10 Vista generale della hall C, con l'area di stoccaggio del pseudocumene visibile in primo piano. L'area contiene quattro contenitori cilindrici progettati per immagazzinare lo pseudocumene. Per motivi di sicurezza, questi contenitori sono racchiusi da un muro di contenimento quadrato, in grado di trattenere l'intero volume di liquido in caso di rottura di uno o più cilindri. L'area di contenimento è dotata di sistemi di spegnimento rapido degli incendi e sensori di ossigeno. Sopra i contenitori sono installati sistemi di raffreddamento che spruzzano acqua fredda sui cilindri nel caso in cui la loro temperatura aumenti per qualsiasi motivo. Inoltre, sono presenti sistemi di estinzione degli incendi. Successivamente, verrà installato anche un sistema di blow down (vedi più avanti)

Nel frattempo, nei laboratori di Genova, lo scintillatore è stato studiato in collaborazione con i ricercatori di Perugia per determinarne le proprietà, come il tipo di luce emessa, la quantità di luce riassorbita dallo scintillatore stesso durante il cammino di uscita della luce e le sue caratteristiche generali. Questo lavoro è stato coordinato da Gemma Testera.

Inoltre, è stata realizzata un'area di stoccaggio per lo pseudocumene (PC), essenziale per le operazioni di radiopurificazione e manipolazione. Quest'area, costruita sotto la supervisione di Laura Perasso, in collaborazione con un'azienda locale, era composta da quattro contenitori realizzati secondo gli stessi rigorosi standard adottati per i contenitori di Borexino, inclusi trattamenti superficiali e pulizia di precisione. L'area di stoccaggio era inoltre dotata di misure di sicurezza antincendio, come sistemi di raffreddamento per i serbatoi e sistemi di estinzione a schiuma, ed era circondata da una vasca di contenimento in cemento capace di trattenere l'intero volume di PC immagazzinato (Fig. 5.10).

Il lavoro intenso svolto in questo periodo si rivelò particolarmente faticoso, in gran parte a causa di problemi già menzionati, come l'interferenza dei responsabili dei gruppi nelle operazioni quotidiane. Per affrontare la situazione, si decise di nominare un project manager per la gestione operativa. Il primo fu Paul Lamarche, assunto da Princeton. Tuttavia, non poté rimanere a tempo pieno al Gran Sasso poiché la sua famiglia viveva negli Stati Uniti, e per questo si dimise dopo meno di due anni. Gli succedette Lothar Oberauer, che accettò l'incarico dopo aver ricevuto un contratto di un anno dall'INFN. Infine, venne nominato Gioacchino Ranucci, con soddisfazione generale della collaborazione.

Durante questo periodo, il nostro rapporto con il personale del Gran Sasso migliorò leggermente. All'interno della collaborazione vi erano alcune persone davvero uniche. Una di queste era Frank Hartman, e l'altro Corrado Salvo, già menzionati in precedenza. Corrado era eccezionalmente brillante, con una straordinaria conoscenza della fisica, della chimica e dell'informatica. Era inoltre estremamente abile e versatile. Tuttavia, il suo approccio non convenzionale al lavoro suscitava qualche preoccupazione e reazioni negative soprattutto da parte della staff locale del laboratorio. Ad esempio, aveva allestito un letto da campo nel laboratorio sotterraneo e vi dormiva spesso, portandosi persino le provviste per la colazione. Le sue interazioni interpersonali erano spesso difficili a causa del suo modo diretto di fare. Esponeva apertamente i suoi disaccordi nei corridoi, talvolta facendo accuse, il che lo rendeva impopolare tra alcuni membri del personale del laboratorio. Inoltre, preferiva lavorare al di fuori degli orari standard, creando attriti. Per esempio, voleva accedere al laboratorio di chimica alle otto del mattino, mentre l'apertura era prevista per le nove, il che portava a frequenti discussioni con i responsabili del laboratorio. Nonostante queste difficoltà, Corrado era una risorsa inestimabile per il nostro team. La sua flessibilità e la capacità di adattarsi a situazioni impreviste lo rendevano un membro altamente ingegnoso e fondamentale per la collaborazione.

Approvvigionamento dello pseudocumene

Un capitolo a sé nel progetto riguardava l'approvvigionamento del pseudocumene, una sostanza prodotta anche in Italia dal petrolio attraverso grandi torri di distillazione situate a Sarroch, in Sardegna, in un impianto di proprietà dell'ENI (Ente Nazionale Idrocarburi), una multinazionale operante in molti paesi del mondo (Fig. 5.11) Questo impianto produceva pseudocumene in modo continuo, convogliandolo attraverso un oleodotto direttamente nelle navi cisterna per il trasporto ai vari clienti.

Per ENI, rappresentavamo un ostacolo al normale processo produttivo. Avevamo bisogno di un totale di 1500–1800 tonnellate di pseudocumene, una piccola quantità rispetto alla normale produzione dell'impianto, ed in più avevamo bisogno di averlo non in un flusso continuo, poiché utilizzavamo quattro isotank appositamente trattate per garantire un'elevata radiopurezza (Fig. 5.12). Ogni isotank poteva contenere poco più di 20 tonnellate, il che significava che l'azienda non poteva pianificare una produzione continua esclusivamente per noi.

Figura 5.11 Le torri di produzione dello pseudocumene a Sarroch

Figura 5.12 Un isotank per il trasporto del pseudocumene. Si tratta di un contenitore progettato per il trasporto di prodotti liquidi o gassosi, come carburanti, sostanze chimiche, cemento o catrame. Deve soddisfare requisiti specifici, tra cui uno spessore minimo delle pareti, l'idoneità alla pressurizzazione interna, la massima tenuta e altri standard di sicurezza e prestazione. Nel nostro caso, l'isotank è stato inoltre trattato internamente in modo speciale, analogamente agli altri contenitori utilizzati per il nostro scintillatore. Ha subito quattro diversi trattamenti superficiali per rimuovere i contaminanti intrappolati nel materiale e per facilitare l'eliminazione di polveri e particolato

Figura 5.13 Stazione di pompaggio costruita a Sarroch, presso l'azienda fornitrice dello pseudocumene, con Roberto Scardaoni, uno dei nostri indispensabili tecnici

Un'ulteriore sfida riguardava la radiopurezza: per minimizzare la presenza di Carbonio-14, richiedemmo che fosse utilizzato solo petrolio proveniente da strati geologici molto antichi e profondi. Il Carbonio-14, un isotopo radioattivo con un'emivita di 5370 anni, è noto soprattutto per il suo impiego nella datazione di reperti archeologici e storici. Tuttavia, per il nostro esperimento rappresentava un problema significativo, poiché lo pseudocumene non può essere purificato dal Carbonio-14. La soluzione fu quindi procurare petrolio da giacimenti profondi e antichi, principalmente da strati libici, dove il Carbonio-14 era già completamente decaduto e non veniva più rigenerato dai raggi cosmici. Questa esigenza rese il processo più complesso, poiché ENI si riforniva di petrolio da più fornitori. Nonostante queste difficoltà, il personale di Sarroch si dimostrò collaborativo e lieto di affrontare un compito diverso dalla routine abituale. Alla fine, riuscii a finalizzare il contratto. Inoltre, costruimmo una tubazione dedicata per trasportare lo pseudocumene direttamente dalle colonne di produzione fino al confine della proprietà aziendale, ove realizzammo una stazione di pompaggio per riempire gli isotank (Fig. 5.13). Tutte le procedure furono eseguite nel rigoroso rispetto degli standard di radiopurezza richiesti per il rivelatore.

5.3   Due e più anni bui

In un esperimento scientifico complesso come quello che sto descrivendo, chi è responsabile deve dedicare una quantità significativa di tempo non solo ai problemi tecnico-scientifici, ma anche alla gestione organizzativa. Non si tratta quindi solo di un impegno tecnico e scientifico, ma anche organizzativo, soprattutto quando si lavora con numerosi collaboratori provenienti da vari istituti e paesi, come accade spesso nei grandi esperimenti complessi, la cosiddetta "Big Science". Personalmente, stimo di aver impiegato circa il 60% del mio tempo nel coordinamento delle attività di varie persone, mentre il resto del tempo era dedicato a determinare le migliori decisioni tecnico-scientifiche per affrontare i problemi che sorgevano lungo il percorso. Ciò che era davvero importante era che ero riuscito a mettere insieme gruppi di ricercatori e ingegneri di alto livello che avevano studiato i migliori metodi e preso tutte le precauzioni necessarie per ottenere un livello eccezionalmente alto di radiopurezza.

In una collaborazione relativamente grande come quella di Borexino, oltre alle sfide tecnico-scientifiche e organizzative, si verificano anche occasionali incomprensioni tra i membri e, talvolta, scontri di personalità. Non è un caso che io abbia spesso detto che le grandi collaborazioni potrebbero trarre beneficio dalla presenza di uno psicologo nel team.

Situazione al laboratorio del Gran Sasso
Fin dalla sua nascita, il Laboratorio del Gran Sasso ha incontrato la resistenza degli ambientalisti locali. Questa opposizione derivava da una combinazione di pregiudizi, sfiducia generale nella scienza e nella tecnologia, e risentimento per la costruzione del tunnel autostradale, durante la quale la falda acquifera della montagna si era abbassata sotto il livello del tunnel. Sebbene ciò non avesse compromesso l'acqua potabile o la sua distribuzione, aveva lasciato un'impressione negativa duratura. Lo scavo del laboratorio, che è collegato direttamente a una delle corsie dell'autostrada era avvenuto dopo quello del tunnel autostradale e non era per nulla correlato alla questione della falda acquifera. Quando Sandro Bettini divenne direttore del laboratorio, insieme a un ingegnere altamente competente che all'epoca era Ministro dei Lavori Pubblici, propose una nuova idea: costruire un terzo tunnel, molto più piccolo, per collegare direttamente il laboratorio alla carreggiata dell'autostrada verso L'Aquila. Questo avrebbe evitato l'interferenza con il traffico pubblico e con le attività del laboratorio. Il tunnel sarebbe passato sopra quello esistente, garantendo che non ci fossero ulteriori impatti sulla falda acquifera. Il progetto incontrò una forte opposizione da parte degli ambientalisti e dei membri del

Partito Verde, che si opponevano per principio a qualsiasi nuovo tunnel, indipendentemente dalle sue dimensioni e dal suo scopo. Durante un talk show televisivo a cui partecipò il segretario del Partito Verde, Bettini difese il progetto, smontando le critiche con argomentazioni scientifiche. Purtroppo, questo alimentò ulteriormente le tensioni, portando a violenti attacchi contro il laboratorio e contro lo stesso Bettini. Gli furono rivolte minacce di vario genere, comparvero graffiti attribuiti ad anarchici insurrezionalisti noti alla magistratura e alla DIGOS (Divisione investigazioni generali e operazioni speciali). Tra queste minacce vi erano anche esplicite minacce di morte nei suoi confronti. La situazione divenne così grave che a Bettini fu assegnata una scorta permanente, e un'auto della polizia era sempre presente presso gli uffici direzionali del laboratorio. I giornali locali e altri media alimentarono ulteriormente la controversia, diffondendo la falsa affermazione che il laboratorio scaricasse acqua tossica.

Lo sversamento di Borexino

Come già spiegato, per garantire il coordinamento e prevenire sovrapposizioni o lacune nel lavoro, avevo istituito riunioni settimanali, il lunedì pomeriggio, con tutti gli operatori coinvolti nell'esperimento al Gran Sasso.

Era anche una regola stabilita che durante il periodo di Ferragosto (15 agosto), i lavori potessero proseguire solo se fossero stati presenti almeno tre operatori e un responsabile tecnico. Purtroppo, queste istruzioni non furono seguite nella settimana che terminava il 15 agosto 2002. Non solo non era presente alcun responsabile tecnico, ma il personale del laboratorio era ridotto ai servizi essenziali. A mia insaputa, il gruppo americano, su iniziativa di Frank Calaprice, decise di procedere con i lavori. Essendo americano, non comprendeva appieno la consuetudine italiana di sospendere le attività in questo periodo. Mentre ero in vacanza al mare con anche mia moglie malata, un operatore canadese—il cui nome preferisco non menzionare—interpretò erroneamente la procedura per l'uso di una valvola. In assenza di Corrado Salvo, il responsabile tecnico che aveva progettato il sistema, questo errore causò la fuoriuscita di circa 30 litri di pseudocumene in un torrente locale. Questo liquido aromatico è molto volatile e ha un odore simile alla benzina. Sebbene non sia cancerogeno, l'incidente scatenò una reazione sproporzionata da parte di chi aspettava un pretesto per criticare il laboratorio. Gli ambientalisti insorsero con accuse, alcune delle quali assurde, e presentarono una denuncia al tribunale di Teramo.

La guerra contro Borexino

Si scatenò una campagna incessante contro Borexino, con continui attacchi dai giornali locali e dai media. Anche un quotidiano nazionale di sinistra amplificò la storia, esagerando l'entità dello sversamento. La polizia giudiziaria, rappresentata dal Corpo Forestale, si mostrò ostile in ogni occasione.

Provai a mantenere unita la collaborazione, ma molti ricercatori americani—soprattutto quelli all'inizio della carriera—lasciarono perché senza pubblicazioni avrebbero faticato a rinnovare i contratti. La situazione era leggermente migliore per gli europei, ma il ritardo creò comunque gravi difficoltà, specialmente per i giovani scienziati. Lavorai duramente per rassicurare i collaboratori che l'esperimento sarebbe ripreso. Lettere di eminenti scienziati, inclusi premi Nobel, che feci pervenire al giudice, sottolineavano l'importanza dell'esperimento e i danni per la scienza se non fosse stato completato. Tuttavia, il tribunale rimase impassibile, sostenendo che la sicurezza pubblica e ambientale veniva prima di tutto.

Dopo un po' di mesi di attesa iniziarono dei lavori per mettere in sicurezza il laboratorio sotterraneo. Il pavimento della Sala C fu completamente sigillato secondo standard di isolamento sottomarino, e mi impegnai personalmente per far sì che la ditta appaltatrice completasse i lavori rapidamente.

Ci furono poi accuse non solo false, ma anche assurde. Un'agenzia ambientale regionale inviò una nave nell'Adriatico—dove sfociano i torrenti che scendono dal Gran Sasso—per cercare nel mare tracce di pseudocumene, tentando persino di farci pagare il costo dell'operazione! L'assurdità raggiunse il culmine quando i componenti di un gruppo che lavorava ad un esperimento minore vicino a Borexino, espose per scherzo un cartello con la scritta. "gas pericolosi" per prendere in giro un loro collega che aveva problemi di flatulenza (Fig. 5.14). Invece di cogliere l'ironia ci accusarono di utilizzare gas pericolosi. Purtroppo, invece di ridere della questione, fummo costretti a fornire spiegazioni formali, sempre accolte con scetticismo.

Competizione scientifica e ulteriori sfide

Un altro aspetto di questa difficile vicenda fu la competizione con altri esperimenti scientifici. In particolare, l'esperimento giapponese KamLAND, progettato per misurare gli antineutrini da reattori posizionati a grande distanza per studiare i parametri di oscillazione dei neutrini, misura che non richiedeva un livello di radiopurezza pari a quello di Borexino, puntava anche a estendere la propria ricerca ai neutrini solari. Come è prassi nella fisica fondamentale, avevamo pubblicato i risultati delle nostre ricerche, inclusa una descrizione tecnica dettagliata dei sistemi e dei metodi sviluppati per raggiungere livelli di radiopurezza senza precedenti. Il team giapponese aveva persino visitato le nostre strutture mentre erano ancora in costruzione presso il laboratorio del Gran Sasso. La nostra preoccupazione era che KamLAND, avendo iniziato prima il suo esperimento e potenzialmente adottato alcune delle nostre tec-

Figura 5.14 Il cartello scherzoso, esposto dai colleghi di un altro esperimento, destinato a prendere bonariamente in giro un membro del loro team noto per soffrire di flatulenza

niche, potesse ottenere risultati sui neutrini solari prima di noi, considerando che eravamo forzatamente fermi. Alla fine, KamLAND non raggiunse mai il livello di radiopurezza necessario per lo studio dei neutrini solari e quindi non rappresentò una competizione diretta per Borexino.

Questo periodo fu comunque profondamente frustrante e demoralizzante. Particolarmente scoraggianti erano le riunioni convocate dal commissario governativo che supervisionava i lavori del laboratorio. Sebbene fossimo invitati, non ci era permesso intervenire, nemmeno quando venivano fatte dichiarazioni errate o prive di basi scientifiche. Venivamo trattati come scolari colti in flagrante, nonostante gli accusatori non avessero alcuna comprensione dell'esperimento o delle sfide tecniche affrontate. Ricordo molte di queste riunioni a Roma, dove partecipavo insieme a una ventina di ingegneri. Questi rimanevano in silenzio o facevano affermazioni errate, mentre i nostri tentativi di chiarire o correggere venivano ignorati: il presidente ci interrompeva con frasi come: "Va bene, va bene, lasciamo stare".

La situazione con l'agenzia ambientale regionale non era migliore. Ad esempio, durante un campionamento dell'acqua da un tombino all'interno del laboratorio, per verificare quella che sarebbe finita nel torrente, il prelievo venne fatto dalla superficie. Poiché il pseudocumene ha una densità inferiore all'acqua e rimane in superficie, questo metodo portò a una percentuale riportata di pseudocumene estremamente elevata, completamente non rappresentativa della reale concentrazione nell'acqua.

Un'altra affermazione assurda venne da uno dei consulenti del tribunale, il quale dichiarò che l'atmosfera della Sala C era completamente satura di vapori di pseudocumene. Nonostante le nostre spiegazioni sul fatto che la pressione di vapore del pseudocumene alla temperatura del laboratorio sotterraneo rendesse ciò fisicamente impossibile—e che il liquido fosse sempre contenuto in serbatoi sigillati e trasportato attraverso tubature chiuse—questi fatti vennero ignorati.

Questi problemi non riguardavano solo le istituzioni, ma anche i rapporti con i privati. Per dimostrare l'utilità del laboratorio e rassicurare la popolazione, il laboratorio decise di fornire la possibilità di misurare la presenza di radon nelle cantine delle abitazioni, dove questo tende ad accumularsi a causa della scarsa ventilazione. Dai risultati osservammo livelli di radon più alti rispetto a quelli atmosferici, cosa del tutto attesa. Tuttavia, dopo le prime misurazioni, la gente ci chiese di fermarci, sostenendo che i nostri strumenti producevano radioattività! Il livello di allarme terroristico aveva ormai raggiunto tutta la provincia di Teramo!

Accaddero anche episodi peggiori: alcuni insegnanti iniziarono a dire ai bambini di non bere l'acqua dell'acquedotto perché era inquinata dal nostro laboratorio! Un giorno, una donna telefonò in laboratorio accusandoci di essere persone spregevoli perché, a suo dire, stavamo inquinando l'acquedotto, mentre noi potevamo bere acqua minerale in bottiglia. Aggiunse che questo accadeva perché eravamo pagati dagli americani, un'asserzione non solo falsa ma anche assurda. Venne persino diffusa la notizia di un presunto aumento dei casi di tumore nella regione, attribuito a noi, nonostante il fatto che lo pseudocumene non fosse classificato come cancerogeno. Questa accusa venne poi smentita quando le statistiche mostrarono che non vi era stato alcun aumento.

Infine, voglio raccontare un episodio con un gruppo di sedicenti ambientalisti che avevano scoperto che usavamo azoto. Lo impiegavamo per estrarre i gas nobili, come l'elio, dallo scintillatore e dall'acqua. Una volta processato, l'azoto passava attraverso carboni attivi per assorbire eventuali residui liquidi e veniva poi analizzato con uno strumento ad alta sensibilità per le molecole organiche, prima di essere rilasciato in atmosfera. Questi ambientalisti mi accusarono di contaminare l'atmosfera con azoto, al che risposi che l'atmosfera è composta per il 75% da azoto. La loro replica fu: "È la solita arroganza della scienza!".

Sicurezza

Anni prima avevamo già incaricato l'ingegnere Domenico Barone, specializzato in sicurezza nell'industria petrolchimica e occasionalmente consulente del tribunale, di supervisionare le misure di sicurezza e condurre analisi HAZOP (Analisi dei Pericoli e della Operabilità) e QRA (Analisi Quantificata del Rischio). Durante gli anni di inattività, Barone e io abbiamo preparato una documentazione completa per ogni parte del rivelatore, inclusi tutti i sistemi ausiliari. Questi documenti descrivevano i sistemi, le procedure operative e le analisi dei rischi (riempivano un intero armadio), per garantire che fossimo preparati a qualsiasi eventualità.

Abbiamo inoltre potenziato nei minimi dettagli tutti i dispositivi di sicurezza. Riporto due esempi significativi:

1. **Sistema di stoccaggio dello pseudocumene**

   Ogni serbatoio di stoccaggio era dotato di un disco di rottura progettato per rompersi se la pressione interna superava una certa soglia, ad esempio in caso di incendio. Per evitare che i gas fuoriuscissero nella stanza in caso di rottura, i serbatoi erano collegati a tubazioni che convogliavano il gas in un serbatoio pieno d'acqua, rendendolo innocuo (sistema di blow down). Fortunatamente, questo sistema non venne mai attivato.

2. **Sistema di inertizzazione con azoto**

   Il rivelatore e tutti i recipienti contenenti pseudocumene erano mantenuti sotto un flusso dinamico di azoto purificato attraverso un impianto criogenico. Poiché il flusso era dinamico, l'azoto passava attraverso due sistemi a carboni attivi, rigenerati alternativamente. Dopo i carboni attivi, l'azoto veniva analizzato, prima di essere rilasciato in atmosfera. con un rivelatore ad alta risoluzione per controllare che molecole organiche non fossero presenti.

6

Completamento della costruzione e installazione. Il rivelatore entra in funzione

Installazione, fotomoltiplicatori, camere bianche, riempimento

Quando fu possibile riprendere i lavori dopo una pausa di due anni e mezzo, e nonostante fosse vietato utilizzare l'acqua per un altro anno, l'attività riprese con grande entusiasmo, perché tutti erano impazienti di rendere operativo il rivelatore e iniziare a raccogliere i dati che avrebbe prodotto. Durante questo periodo, la maggior parte del lavoro si concentrò sull'installazione delle parti del rivelatore che avevamo preparato nel periodo in cui non era possibile lavorare in loco. Per prima cosa, furono installate cinque camere bianche, una delle quali posizionata proprio all'ingresso della Water Tank, consentendo l'accesso alla Sfera SSS attraverso un tunnel. Successivamente, vennero installati tutti i fotomoltiplicatori, un compito lungo, impegnativo e delicato. In seguito fu la volta del Vessel Interno, seguito dalle operazioni di riempimento: lo scintillatore, già raffinato ai livelli di radio-purezza richiesti dal progetto, il liquido tampone purificato e infine, l'acqua altamente purificata nella Water Tank. Nell'aprile 2007, siamo finalmente riusciti a iniziare la raccolta dei dati.

6.1 La ripresa

Dopo due anni e mezzo di blocco, il giudice dichiarò che la situazione era sotto controllo e che potevamo riprendere le nostre attività. Era l'inverno del 2014. Tuttavia, ci fu vietato di utilizzare l'acqua per un altro anno.

Nessuno di noi fu processato, ad eccezione del direttore del laboratorio e del presidente dell'INFN, apparentemente perché il laboratorio mancava dell'autorizzazione necessaria per la gestione dell'acqua. Personalmente, dovetti pagare le mie spese legali e, naturalmente, gli onorari del mio avvocato. Fum-

G. Bellini, *Come e perché il sole e le stelle brillano*,
https://doi.org/10.1007/978-3-031-98858-5_6

mo anche sottoposti a un'indagine da parte della Corte dei Conti italiana, poiché alcuni fondi del Tesoro italiano erano stati utilizzati per ricerche e test a seguito della vicenda. Alla fine, fummo completamente scagionati.

Questa esperienza causò anche problemi con il personale del laboratorio, poiché alcuni ingegneri furono coinvolti nell'indagine. L'atteggiamento del personale suggeriva che avevamo portato problemi nel laboratorio che altrimenti non sarebbero mai sorti. Con il tempo, riuscimmo gradualmente a smorzare questi risentimenti.

Devo sottolineare che nessuno, nessuno—né gli ambientalisti, né gli agenti di polizia, né i magistrati o le autorità locali coinvolte in questa vicenda—ci chiese mai quale fosse lo scopo del nostro esperimento o quale fosse il suo interesse scientifico!

Il blocco ebbe anche conseguenze sul finanziamento. Sebbene l'INFN continuasse a sostenerci, il responsabile del monitoraggio delle nostre attività durante due discussioni annuali sui finanziamenti chiese a me e a Gioacchino Ranucci se volessimo davvero continuare. Tuttavia, di fronte alla nostra determinazione, non ci furono obiezioni. Per la NSF, che opera con sovvenzioni biennali, non ci furono problemi, poiché Princeton chiese un rinnovo dopo la ripresa delle attività. Sfortunatamente, le agenzie tedesche decisero di interrompere il finanziamento, e credo che i nostri colleghi tedeschi abbiano continuato a lavorare al Gran Sasso con fondi universitari.

Quando finalmente ci fu permesso di riprendere la preparazione dell'esperimento, apportai cambiamenti significativi all'organizzazione del lavoro. Creai un gruppo operativo dedicato al completamento del rivelatore, indipendente dai responsabili di gruppo. Ciò eliminò le interferenze da parte dei responsabili, i quali talvolta davano istruzioni contrastanti ai loro collaboratori presenti al Gran Sasso, rallentando i progressi e creando problemi. Non fu facile far accettare questo cambiamento ai responsabili dei gruppi, soprattutto agli americani, ma era l'unico modo efficace per procedere. Nominai Augusto Goretti coordinatore del gruppo operativo. Accettò il ruolo con determinazione, pienamente consapevole della responsabilità e delle possibili conseguenze legali anche per piccoli errori. Il gruppo operativo includeva fisici, ingegneri e tecnici esperti in tutti gli aspetti dell'esperimento, in particolare nella sfida di realizzare un rivelatore con un livello di radio-purezza eccezionale. Tuttavia, ritenni che ciò non fosse sufficiente per la gestione dello scintillatore, basato su un liquido aromatico. Fortunatamente, trovai due tecnici altamente esperti, Ambrogio Cubaiu e Fausto Soricelli, a Porto Torres, in Sardegna, dove operava una grande raffineria di petrolio. Entrambi erano andati in pensione da un paio d'anni. La loro esperienza si rivelò preziosa per prevenire anche le più piccole fuoriuscite—fino alla singola goccia—sul pavimento del laboratorio, che avrebbero potuto avere conseguenze imprevedibili.

Un altro cambiamento decisivo fu la creazione di un comitato direttivo per supervisionare il lavoro quotidiano in loco, presieduto da Marco Pallavicini, un fisico senior di Genova, che di fatto svolse il ruolo di project manager. Ritengo che sia Augusto Goretti che Marco Pallavicini abbiano avuto un ruolo fondamentale nel successo del rivelatore.

Una volta definita la nuova organizzazione e ottenuta l'autorizzazione a riprendere i lavori, tutti eravamo entusiasti di ricominciare. Lavorammo con grande determinazione. Personalmente, lavoravo dieci ore al giorno e, nonostante la stanchezza serale, ero sempre impaziente di riprendere il mattino seguente.

Dopo il blocco imposto dal tribunale e la conclusione delle indagini, il nostro rapporto con il personale del laboratorio migliorò. Il lavoro di Augusto Goretti fu apprezzato dagli ingegneri del Gran Sasso, o almeno così sembrava. Inoltre, su nostra richiesta, il laboratorio assunse Stefano Gazzana, un ingegnere di Roma, per gestire vari compiti e fungere da intermediario con il personale del laboratorio. Gazzana era una persona unica: aveva studiato contemporaneamente ingegneria e teologia all'università. Ricordo con affetto le nostre numerose discussioni su un'ampia gamma di argomenti. Nei fine settimana, se non c'era lavoro al Gran Sasso, tornava a Roma per stare con la sua famiglia e collaborare con le parrocchie per aiutare le persone. Dopo l'esperimento, Goretti fu assunto dal laboratorio, poiché la sua esperienza con Borexino fu ritenuta inestimabile. Nel frattempo, Gazzana proseguì la sua carriera in un istituto di ricerca di fisica a Roma prima di trovare un altro impiego. Purtroppo persi i contatti con lui, cosa che rimpiango perché, oltre a essere molto competente nel suo lavoro, era profondamente interessato allo studio della natura umana nella sua totalità.

Per quanto riguarda l'esperimento, riprendemmo da dove ci eravamo fermati. Tra i molti compiti, c'era la costruzione delle camere bianche. Ne realizzammo cinque attorno al rivelatore, poiché ogni componente introdotto doveva essere meticolosamente pulito. La più grande era situata all'ingresso del rivelatore, più precisamente della Water Tank. Qui fu costruito un tunnel di Classe 100 per garantire che tutti i fotomoltiplicatori—e, prima di essi, tutti i componenti delle impalcature necessarie per l'installazione nella sfera d'acciaio SSS—che avevano subito una pulizia di precisione mantenessero questa pulizia anche all'interno di essa (Fig. 6.1). La sfera d'acciaio stessa, come spiegato in precedenza, era attrezzata per funzionare come una camera bianca di Classe 1000.

Tutte le valvole, le pompe, i connettori e i giunti rappresentavano ulteriori sfide. Non solo erano difficili da reperire a causa delle loro proprietà speciali, ma quasi tutti dovettero essere modificati. Ad esempio, nelle valvole e nelle

Figura 6.1 Fotomoltiplicatori dotati di concentratori ottici e racchiusi in mu-metal, meticolosamente puliti e sigillati in doppio sacco all'interno della camera bianca situata all'ingresso del serbatoio d'acqua del rivelatore

pompe, qualsiasi parte a contatto con lo scintillatore doveva essere realizzata in Teflon, che è praticamente non radioattivo. Inoltre, tutte le valvole e i giunti furono racchiusi in scatole con atmosfera di azoto per isolarli dal radon ambientale presente nel laboratorio sotterraneo, anche in caso di rottura. Il rivelatore stesso fu sigillato con standard estremamente elevati per proteggerlo dal radon.

Potrei continuare all'infinito a raccontare i metodi e gli strumenti specializzati utilizzati per costruire e installare il rivelatore e i sistemi ausiliari, ma mi fermerò qui. Questo rivelatore era fondamentalmente diverso da quelli utilizzati negli acceleratori, dove, a parte alcuni componenti specifici, la maggior parte delle apparecchiature è costruita con metodi relativamente standard.

Abbiamo avviato l'approvvigionamento di pseudocumene, che prima del pompaggio veniva regolarmente controllato da vari membri della collaborazione di Milano, oltre che da Masetti di Perugia. Ma non finiva lì, perché i raggi cosmici che colpivano il prodotto generavano al suo interno nuclidi radioattivi, rendendo essenziale che il prodotto venisse schermato sottoterra il prima possibile. Per questo motivo, abbiamo organizzato un sistema che permetteva all'isotank carico di lasciare immediatamente Sarroch, per poi imbarcarsi il più velocemente possibile su un traghetto che collegava l'isola della Sardegna al continente. Una volta sbarcato sulla penisola, il veicolo proseguiva immediatamente verso il Gran Sasso, dove veniva trasferito nel laboratorio sottoterra. In questo modo, il tempo tra il carico e l'arrivo nel laboratorio sotterraneo si riduceva a circa 20–22 ore.

Rimanemmo fermi per due anni e mezzo e, quando ho ripreso i contatti con Eni per chiedere di riavviare la produzione, ho trovato un nuovo responsabile della produzione in Italia, il quale, al primo impatto, mi ha detto che il contratto non era più valido perché eravamo stati fermi troppo a lungo e avevamo superato la sua scadenza. Questa reazione mi terrorizzò, perché ero consapevole che in Italia Eni era l'unico produttore e non sapevo nemmeno se esistesse un'altra azienda in Europa che producesse pseudocumene. I colleghi americani mi avevano detto che una società negli Stati Uniti lo produceva, ma avviare un nuovo processo con un'azienda statunitense sarebbe stato infinitamente più complicato. Ho quindi messo in campo tutte le mie capacità persuasive, facendo leva sull'interesse scientifico e insistendo sul fatto che per la loro multinazionale avrebbe potuto essere motivo di orgoglio aver contribuito a un esperimento così importante, anche se, onestamente, non ero così sicuro che questo argomento sarebbe stato così persuasivo né che l'esperimento sarebbe stato un grande successo. Questo manager, con molta serietà, mi spiegò che per un'azienda come la loro, impegnata ad affrontare molti problemi in tutto il mondo, incluso il sostegno alle popolazioni nei paesi ove trovavano petrolio o gas, fornirci il materiale rappresentava in realtà solo un fastidio. Alla fine, però, riuscii a convincerlo e potei tirare un sospiro di sollievo.

6.2 La radio-purezza

Tutte queste precauzioni ci hanno permesso di ottenere una composizione dello scintillatore con solo 2 nuclei di carbonio-14 ogni miliardo di miliardi di nuclei di carbonio-12, quest'ultimo non radioattivo. Inoltre, per la famiglia dell'Uranio-238, la radiopurezza raggiunta corrispondeva alla presenza di appena due nuclidi radioattivi tra 100 milioni di miliardi di nuclei stabili e non radioattivi. Un risultato simile è stato ottenuto per la famiglia del Torio-232, con solo cinque nuclei radioattivi per miliardo di miliardi di nuclei stabili. Il radon, onnipresente nell'aria e nell'acqua sotterranea, è stato ridotto a meno di un conteggio al giorno per 100 tonnellate di pseudocumene. Risultati altrettanto eccezionali sono stati raggiunti per Argon e Kripton, presenti nell'aria.

Alla fine, siamo riusciti a ottenere livelli di radiopurezza significativamente superiori ai requisiti di progetto. Senza questi livelli, non avremmo mai potuto ottenere i risultati straordinari che abbiamo raggiunto.

6.3   L'installazione all'interno della Sfera

I fotomoltiplicatori di Borexino, prodotti e sigillati dalla EMI, sono stati successivamente testati nel laboratorio esterno del Gran Sasso. I test sono stati condotti in una stanza completamente buia utilizzando il sistema elettronico originariamente assemblato, durante la fase CTF, da Oleg Smirnov e Aldo Ianni. In questa fase è stato misurato il guadagno dei fotomoltiplicatori, definito come il rapporto tra il numero di fotoni raccolti dal fotomoltiplicatore e il totale di elettroni trasmesso all'elettronica.

Successivamente, i fotomoltiplicatori dovevano essere montati all'interno della SSS (sfera d'acciaio inossidabile), che ha un'altezza superiore ai 13 metri. Per prepararsi a questo compito impegnativo, Paolo Lombardi e Augusto Brigatti hanno frequentato una scuola di alpinismo in Liguria, all'inizio dell'arco alpino vicino a Genova, per apprendere le tecniche di messa in sicurezza su superfici rocciose e l'uso efficace di corde e imbracature.

Il processo di installazione è iniziato con la costruzione di una struttura di impalcature a supporto del lavoro. Successivamente, le costole d'acciaio, sagomate per conformarsi alla geometria sferica della SSS, sono state accuratamente installate utilizzando corde e imbracature da alpinismo. Questo lavoro complesso ha richiesto una combinazione di precisione, competenza e abilità fisica.

I piani delle impalcature furono successivamente installati, sostenuti dalle nervature di acciaio, per fornire una piattaforma agli operatori durante il processo di installazione (Fig. 6.2). Tuttavia, le impalcature potevano raggiungere solo una certa altezza vicino alla cupola della sfera. Per le installazioni finali nella parte superiore, fu utilizzata una piattaforma aerea per completare il lavoro (Fig. 6.3).

L'installazione dei fotomoltiplicatori, che richiedeva estrema precisione e cura, fu eseguita da Augusto Brigatti, Paolo Lombardi, un tecnico del laboratorio del Gran Sasso e un altro tecnico di Milano, Massimo Orsini e Sergio Parmeggiani, insieme a un paio di collaboratori dell'Istituto Kurchatov in Russia. Il team si dedicò completamente a questo delicato compito, portandolo a termine in circa due mesi (Fig. 6.4, 6.5, 6.6 e 6.7).

Sebbene il guadagno dei fotomoltiplicatori—misurato prima del loro assemblaggio—fosse stato accuratamente calibrato, esso richiedeva un moni-

Figura 6.2 L'impalcatura durante l'installazione dei fotomoltiplicatori. La costruzione dell'impalcatura è stata un'impresa significativa, poiché ogni componente doveva essere meticolosamente pulito con acido in una camera pulita, doppiamente insaccato e successivamente introdotto nella SSS, che a sua volta era attrezzata come una camera pulita di classe 1000

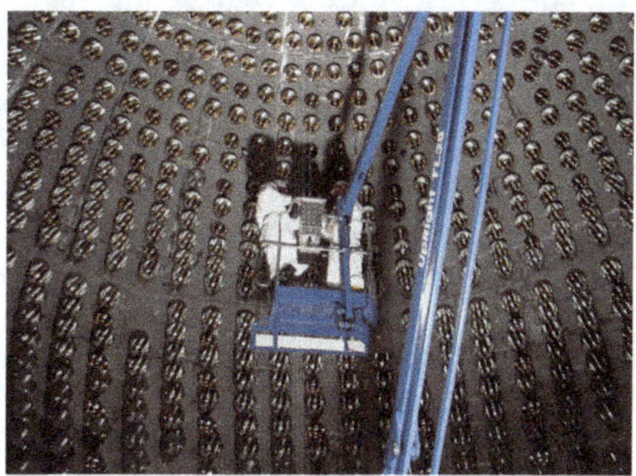

Figura 6.3 Istallazione dei fotomoltliplicatori mediante una piattaforma aerea

toraggio continuo durante il funzionamento per tenere conto di eventuali variazioni. In Borexino, questo monitoraggio costante fu reso possibile grazie a fibre ottiche che inviavano impulsi laser calibrati direttamente agli "occhi" dei fotomoltiplicatori. Questo sistema fu sviluppato da Barbara Caccianiga, in collaborazione con Bruce Vogelar del Virginia Tech, e installato da diversi membri del team, tra cui Lino Miramonti del gruppo di Milano, Paolo Lombardi e altri (Fig. 6.8 e 6.9). Inoltre, venne effettuato un monitoraggio continuo per garantire la precisione della temporizzazione dei fotomoltiplicatori. Anche questo controllo fu realizzato attraverso il sistema a fibre ottiche con impulsi laser. L'informazione sulla temporizzazione era cruciale per determinare con precisione il punto nel scintillatore in cui era avvenuta un'interazione di neutrini. Questo si basava sulle differenze nei tempi di risposta dei fotomoltiplicato-

Figura 6.4 Inizio dello smontaggio del punteggio

ri: quelli più vicini al punto di interazione rispondevano per primi, mentre quelli più lontani rispondevano successivamente a causa del maggiore tempo di percorrenza dei fotoni. Per garantire l'accuratezza della misurazione, era fondamentale verificare che i tempi di risposta dei fotomoltiplicatori fossero uniformi o, se diversi, che fossero ben caratterizzati. José Maneira, un giovane fisico portoghese e dottorando presso l'Università di Milano sotto la mia supervisione, organizzò e gestì questo sistema di controllo della temporizzazione continua.

I terminali dei fotomoltiplicatori che passano attraverso i fori nella sfera sono collegati ai cavi di alimentazione e a quelli che trasmettono i dati. All'esterno della sfera, il sigillo attorno ai connettori viene rigorosamente testato per garantire una tenuta perfetta, vicina al 100%. Questa sigillatura è stata testata sia con aria sia con vapore, e la verifica è stata condotta utilizzando uno spettrometro di massa portatile (Fig. 6.10).

Vorrei ricordare che, oltre al ponteggio, ogni oggetto, indipendentemente dal tipo, introdotto nella sfera è stato prima fatto passare attraverso una camera bianca di Classe 100. Successivamente, è stato imbustato e portato nella sfera

Figura 6.5 Lo smontaggio del ponteggio è praticamente ultimato

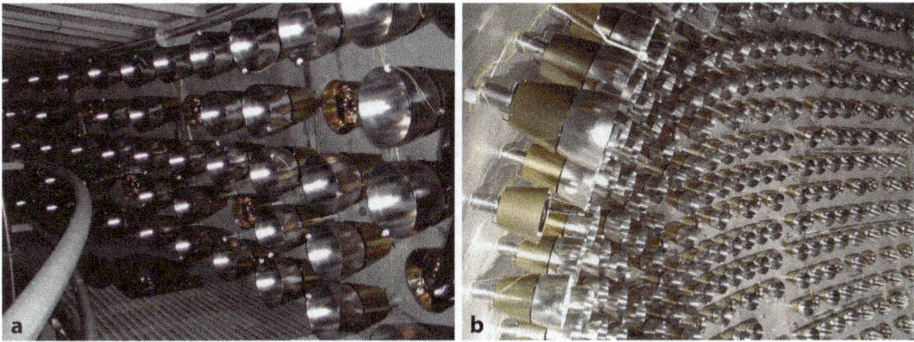

Figura 6.6 A sinistra, un primo piano dei fotomoltiplicatori installati con l'impalcatura ancora in posizione; a destra, una sezione della sfera con i fotomoltiplicatori completamente installati. (La foto a destra è stata riprodotta su un francobollo commemorativo delle Poste Italiane nel 2014)

Figura 6.7 La cupola della sfera con i fotomoltiplicatori completamente i stallati

Figura 6.8 Lino Miramonti sta collegando le fibre ottiche ai singoli fotomoltiplicatori per il monitoraggio continuo del guadagno. Le fibre trasmettono impulsi luminosi, generati da un laser collegato, ai fotomoltiplicatori

Figura 6.9 Paolo Lombardi sta sistemando una fibra ottica che non stava trasmettendo correttamente l'impulso laser al fotomoltiplicatore

Figura 6.10 Un operatore, posizionato all'esterno della sfera, sta testando l'ermeticità della sezione terminale dei fotomoltiplicatori, che attraversano la sfera e si estendono nel serbatoio d'acqua. La sigillatura deve essere al 100% ermetica; se aria e vapori non possono passare, possiamo essere certi che anche i liquidi, come lo pseudocumene e l'acqua, saranno impossibilitati a penetrare. Questo test è stato eseguito su tutti i fotomoltiplicatori utilizzando uno spettrometro di massa portatile

Figura 6.11 Una veduta della sfera con i fotomoltiplicatori completamente istallati

attraverso un tunnel che collegava la camera bianca alla flangia, garantendo un accesso pulito alla sfera attraverso il serbatoio d'acqua. Anche gli operatori dovevano passare attraverso la camera bianca, dove si vestivano ed equipaggiavano in modo da preservare la pulizia all'interno della sfera, mantenuta come una camera bianca di Classe 1000.

Una visione della sfera con tutti i fotomoltiplicatori montati è mostrata in Fig. 6.11.

Prima di installare il recipiente interno nella sfera, abbiamo eseguito una pulizia di precisione utilizzando un modulo appositamente progettato. Questo processo è stato supervisionato da Corrado Salvo, con l'assistenza di Aldo Ianni e Lino Miramonti. La pulizia di precisione prevedeva una sequenza di tre acidi—glicolico, citrico e formico—seguita da un lavaggio con acqua altamente purificata per circa 24 ore. Questa pulizia accurata ha interessato tutti i sistemi, comprese le linee di trasporto dello pseudocumene, i recipienti e qualsiasi altro componente che sarebbe entrato in contatto con esso. L'acqua purificata utilizzata per il risciacquo finale era prodotta dal nostro sistema di purificazione dell'acqua, che inizialmente aveva una portata di $1\,m^3$ all'ora. Corrado aumentò la produzione a $2\,m^3$ all'ora, poiché il processo di risciacquo richiedeva un flusso maggiore.

Vorrei condividere due episodi che riflettono il carattere di Corrado Salvo. Poiché alcune persone del laboratorio erano scettiche sull'uso di questi acidi, Corrado prese una piccola quantità di acido citrico, la diluì e la bevve per dimostrare che non vi era alcun pericolo. Per garantire l'elevato livello di purificazione dell'acqua, ne misuravamo la resistività—ovvero la sua resistenza al passaggio della corrente elettrica, che è veicolata da eventuali impurità presenti nell'acqua. Man mano che le impurità venivano rimosse, la resistività dell'acqua aumentava. Naturalmente, durante il processo di pulizia finale, l'acqua accumulava alcune impurità e la sua resistività diminuiva. Aldo eseguì un complesso calcolo per determinare la resistività in base alla densità delle impurità rimosse, un'operazione che richiese un tempo considerevole. Corrado, invece, fece lo stesso calcolo a mente, utilizzando un approccio molto semplificato, e arrivò a un risultato molto vicino a quello di Aldo, in un tempo molto ridotto.

6.4 Installazione del contenitore in nylon per lo scintillatore—Inner Vessel (IV)

I giornalisti erano estremamente interessati a questo esperimento e arrivavano al Gran Sasso ponendo ogni tipo di domanda. Interrompo qui la descrizione dell'installazione per raccontare uno dei tanti episodi legati alla presenza dei giornalisti. Proprio mentre eravamo sommersi dal lavoro e dai problemi da risolvere, un giornalista si presentò in laboratorio cercandomi. La sua prima domanda fu:

> *"Professore, è vero che siamo figli delle stelle? C'è perfino una canzone di un cantante italiano che dice che siamo figli delle stelle. Glielo chiedo perché lei è così interessato allo studio delle stelle."*

In un primo momento pensai che stesse prendendomi in giro o che la domanda fosse parte di qualche iniziativa pubblicitaria organizzata dall'ufficio relazioni pubbliche del laboratorio. Durante la sospensione da parte del tribunale di Teramo, se ricordo bene, l'ufficio aveva persino organizzato letture di poesie, spettacoli teatrali e perfino l'esibizione di un corpo di ballo nel laboratorio sotterraneo, tutto per sensibilizzare il pubblico sull'esistenza di questo laboratorio d'eccellenza. Quindi risposi che non capivo bene cosa intendesse. Alla sua insistenza, promisi che ci avrei riflettuto—principalmente per togliermelo di torno. Quella sera, cenando in un ristorante vicino al laboratorio, pensai alla sua domanda e trovai una risposta. Il giorno successivo, all'ingresso del laboratorio, ritrovai lo stesso giornalista che, con mia sorpresa, mi stava aspettando, come se la questione fosse di estrema importanza. Gli spiegai che nell'universo primordiale il carbonio non esisteva ancora, sebbene osservazioni recenti suggeriscano che tracce di carbonio siano comparse circa un miliardo di anni dopo il Big Bang. Il ciclo di vita di una stella prevede la fusione dell'idrogeno in nuclei più pesanti, tra cui l'elio. L'elio, insieme al berillio, può dar luogo alla formazione del carbonio-12 stabile. Nelle fasi finali della sua vita, la stella rilascia molti degli elementi che ha prodotto, incluso il carbonio. Di conseguenza, il carbonio, che è essenziale per la vita come la conosciamo, ha origine dalle stelle. Il giornalista in seguito pubblicò un articolo in un giornale locale, riportando ciò che aveva visto e sentito in laboratorio, inclusa la mia risposta. Ne rimasi piuttosto imbarazzato, perché, sebbene la mia spiegazione fosse corretta, venne presentata come una novità, mentre in realtà era ben nota agli astrofisici.

Tornando al processo di installazione, una volta completato il montaggio dei fotomoltiplicatori, era giunto il momento di installare l'Inner Vessel (IV). A titolo di promemoria, il sistema includeva due palloni in nylon, simili a quelli utilizzati nel CTF: il più interno, chiamato Inner Vessel (IV), che conteneva lo scintillatore, e il più esterno, chiamato Outer Vessel (OV) o Shroud, che nel frattempo proteggeva l'Inner Vessel e il suo contenuto dai contaminanti provenienti dai fotomoltiplicatori e dalla sfera d'acciaio SSS. La sfera stessa, come ricordato funzionava come una camera bianca, sebbene non fosse esente da Radon, poiché i filtri installati non erano dotati dell'apparato criogenico necessario per fermare questo gas. Il Radon ha difficoltà a incorporarsi nei metalli duri come l'acciaio, ma è molto più propenso a penetrare in materiali più morbidi come il nylon.

I due palloni in nylon, IV e OV, erano racchiusi in una copertura di nylon, che doveva essere rimossa durante l'installazione. Per prevenire la contaminazione da Radon, una delle opzioni era l'uso di aria sintetica, generalmente più pura dell'aria atmosferica; infatti conservando l'aria in bombole per alcuni mesi, il Radon si sarebbe completamente dissolto, poiché ha un'emivita di 3,8 giorni. Il Radon, infatti, decade trasformandosi in Bismuto, che a sua volta decade in Polonio—entrambi elementi radioattivi, ma con frequenze molto più basse rispetto al Radon. Tuttavia, ci rendemmo conto che riempire l'intero volume interno della sfera d'acciaio SSS con aria sintetica era impraticabile.

Optammo quindi per la seguente soluzione: durante l'installazione, l'Inner Vessel era circondato dallo Shroud, che venne mantenuto ermeticamente chiuso per impedire al Radon di penetrarvi (Fig. 6.12). La contaminazione della superficie esterna dello Shroud era meno critica, poiché non sarebbe mai entrata in contatto con lo scintillatore. Dopo l'installazione, entrambi i palloni in nylon vennero riempiti con aria sintetica, preferita all'azoto perché non avrebbe rappresentato un pericolo per gli operatori in caso di fuoruscita (Fig. 6.13). Durante l'installazione, venne scoperta una piccola perdita nell'Inner Vessel,

Figura 6.12 Durante l'installazione dell'Inner Vessel e dello Shroud

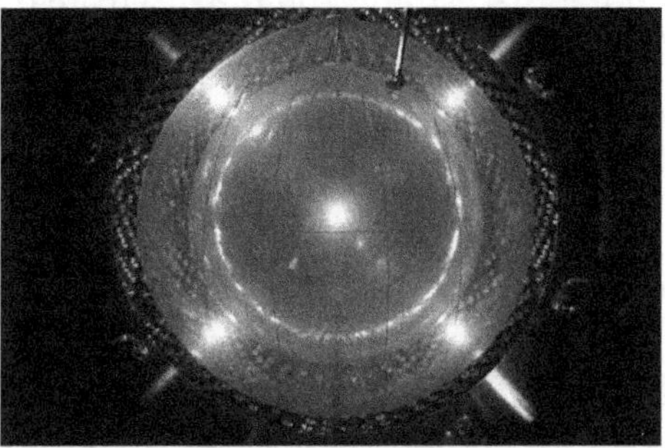

Figura 6.13 L'Inner Vessel e lo Shroud dopo l'installazione, gonfiati con aria sintetica

che Paolo Lombardi e Augusto Brigatti ripararono utilizzando un'impalcatura e creando una piccola finestra di accesso nell'Outer Vessel. All'interno della sfera, Bruce Vogelar installò delle telecamere per documentare lo stato dell'installazione, mentre più sonde di temperatura vennero posizionate in vari punti del rivelatore.

6.5   All'interno del serbatoio d'acqua

Eravamo nel pieno del nostro lavoro quando una giovane donna bionda bussò alla porta del mio ufficio. Si presentò come una fisica slovacca interessata a unirsi al progetto Borexino. Durante la nostra conversazione, scoprii che aveva già lavorato in Italia, presso il Laboratorio di Frascati (il che spiegava il suo italiano fluente), dove era in funzione un anello acceleratore di elettroni, e in Svizzera, su esperimenti di energia media. Condivise anche un dettaglio interessante: aveva conseguito due dottorati, uno in fisica e uno in geologia. Poiché il progetto Borexino prevedeva lo studio dei geo-neutrini—antineutrini originati dall'interno della Terra—era evidente che una persona con competenze sia

Figura 6.14 Qui è mostrata la parte inferiore del serbatoio d'acqua durante l'installazione dei 200 fotomoltiplicatori, di cui tre sono visibili nell'immagine. Questi fotomoltiplicatori sono progettati per catturare i fotoni prodotti dall'effetto Cherenkov nell'acqua del serbatoio. È importante notare che non misurano l'energia rilasciata; il loro unico scopo è segnalare il passaggio di una particella μ

in fisica che in geologia sarebbe stata una risorsa preziosa per il nostro team. Le sue qualifiche, unite al suo entusiasmo e alla sua evidente dinamicità, mi convinsero ad accettarla senza ulteriori domande. Il suo nome era Livia Ludhova, e avrebbe poi avuto un ruolo fondamentale nell'analisi e nell'interpretazione fisica dei dati relativi sia ai neutrini solari che ai geo-neutrini. Livia divenne poi una delle principali figure internazionali nello studio dei neutrini di origine terrestre e rimane ancora oggi una conferenziera molto richiesta a livello internazionale su questo argomento.

Tornando al rivelatore: all'esterno della sfera d'acciaio furono installati 200 fotomoltiplicatori per rilevare il passaggio dei muoni (particelle μ). Come accennato in precedenza, una piccola percentuale di queste particelle attraversa la copertura del laboratorio. Essendo cariche elettricamente e altamente energetiche, generano luce Cherenkov nell'acqua della Water Tank, che i fotomoltiplicatori rilevano per segnalare la loro presenza. L'identificazione di questi segnali è fondamentale, poiché i muoni possono simulare le interazioni dei neutrini. Questa parte dell'installazione, gestita dal gruppo di Monaco, utilizzò tecniche di sigillatura diverse rispetto a quelle impiegate per i fotomoltiplicatori interni (Fig. 6.14).

Poiché la luce Cherenkov emessa nell'acqua è molto più debole rispetto a quella prodotta nello scintillatore per la stessa perdita di energia, era essenziale ridurre al minimo la dispersione luminosa. Per questo motivo, l'esterno della sfera e le pareti interne del serbatoio d'acqua furono rivestiti con un tessuto sintetico altamente riflettente—Tyvek—che migliorava significativamente la riflessione della luce (Fig. 6.15).

Figura 6.15 La superficie esterna della sfera e le pareti interne del serbatoio d'acqua sono rivestite con Tyvek. Questo rivestimento lascia ovviamente esposti i sensori dei fotomoltiplicatori attraverso lo strato di Tyvek. L'operatore nell'immagine è Paolo Lombardi

6.6 Cosa succede ai dati raccolti dai fotomoltiplicatori?

I fotomoltiplicatori producono alla fine degli impulsi elettrici. Questi impulsi viaggiano attraverso cavi fino alla Counting Room che ospita l'elettronica di elaborazione e i computer. I cavi, per una lunghezza totale di 124 km e un peso di circa 21 tonnellate, si collegano ai fotomoltiplicatori tramite l'anodo utilizzando connettori sottomarini appositamente modificati, connessi alla parte finale dei fotomoltiplicatori attraverso i fori praticati nella sfera d'acciaio. Dopo aver lasciato la sfera, i cavi attraversano l'acqua nel serbatoio e passano attraverso le cosiddette "canne d'organo". All'esterno del serbatoio, devono essere disposti con precisione, compito svolto da Paolo Lombardi e Augusto Brigatti (Fig. 6.16 e 6.17).

Figura 6.16 Paolo Lombardi and Augusto Brigatti stanno disponendo i cavi lungo la Water Tank

Figura 6.17 La stessa attività della Fig. 6.16

Figura 6.18 l'elettronica di processo durante l'inizio dell'istallazione

I dati che arrivano vengono poi processati dall'elettronica e il risultato viene immagazzinato in un primo momento in un computer; l'immagazzinamento finale viene fatto dopo un controllo rapido su alcuni aspetti generali dei dati stessi (Fig. 6.18, 6.19 e 6.20).

Il funzionamento del processo elettronico è spiegato in maggiore dettaglio nell'Approfondimento A.6.1.

L'elettronica di processo è stata progettata da Sandro Vitale di Genova, realizzata da un'azienda di Milano e installata da un team che includeva Massimo Orsini e due ingegneri ungheresi di secondo livello, George Korga e László Papp, raccomandati da Manno. Questi due ingegneri si sono rivelati inestimabili, poiché l'elettronica, installata all'inizio degli anni 2000, doveva rimanere operativa fino al 2021, conclusione dell'esperimento. Naturalmente, durante questo lungo periodo si sono verificati occasionali guasti, rendendo necessaria la sostituzione di componenti obsoleti o non più disponibili sul mercato. Ricordo George mentre cercava sul mercato e nei magazzini del CERN quanti più componenti possibile per garantire la funzionalità continua del sistema.

Figura 6.19 Sandra Zavatarelli di Genova e Livia Ludhova al lavoro nella sala conteggi, impegnate in verifiche di qualità sugli impulsi elettrici elaborati dall'elettronica e dal programma di acquisizione dati (come descritto nel testo). Il lavoro veniva svolto in turni di 24 ore, suddivisi in tre rotazioni di otto ore ciascuna. Tuttavia, la curiosità suscitata dalle osservazioni in corso e la determinazione a completare i compiti spesso portavano molti operatori a trascorrere in sala conteggi molto più tempo del previsto. La sala conteggi era frequentemente animata, con numerose persone presenti contemporaneamente. Tra questi vi erano tecnici elettronici incaricati di monitorare e risolvere eventuali problemi dell'elettronica, assicurando il corretto funzionamento di tutto il sistema

6.7   Il riempimento

La prima operazione consisteva nel riempire simultaneamente il Vessel-IV, lo Shroud e la Sfera SSS, con acqua ultrapura prodotta dal nostro sistema di purificazione dell'acqua. Questo processo era particolarmente delicato, poiché era essenziale mantenere lo stesso livello in tutti i componenti. Qualsiasi squilibrio avrebbe potuto causare la rottura dell'Inner Vessel (IV), realizzato in nylon spesso solo 25 micron. Sensori posizionati strategicamente nel rivelatore regolavano questa operazione, controllando il sistema di gestione dei liquidi. L'acqua veniva introdotta dal basso, spostando gradualmente l'aria sintetica attraverso una valvola situata nella parte superiore dell'IV (Fig. 6.21 e 6.22).

Figura 6.20 Da sinistra a Destra: Alessandro Razeto di Genova, responsabile del programmi di acquisizione dati, Barbara Caccianiga e Gemma Testera, che lasciano il laboratorio esterno di sera durante i test sui dati

I sistemi associati alla gestione del pseudocumene sono stati attentamente esaminati da Cubaiu e Sorricelli, che hanno anche collaborato alla stesura delle procedure. Queste procedure sono state successivamente approvate sia dai vigili del fuoco regionali che dal laboratorio. Vale anche la pena notare che, poiché immagazzinavamo pseudocumene, eravamo tenuti a rispettare la legge Seveso—una normativa che prende il nome da una piccola città che ha subito un incidente legato alla diossina. Questa legge richiedeva un rinnovo ogni cinque anni sotto la supervisione e il controllo dei vigili del fuoco dell'Aquila.

Il 14 gennaio 2007, il primo isotank contenente pseudocumene arrivò da Sarroch, scortato da un'auto della polizia. Successivamente, abbiamo ricevuto tre isotank a settimana. Le consegne arrivavano tipicamente intorno alle nove di sera, e le operazioni di riempimento venivano effettuate durante la notte. Lo pseudocumene veniva processato attraverso lo skid per la distillazione, mescolato con PPO, che era stato radio-pulito tramite estrazione con acqua, e trasferito nell'Inner Vessel. Contemporaneamente, lo pseudocumene veniva inviato anche alla sfera (liquido tampone-buffer liquid) e mescolato con DMP, anch'esso sottoposto a radio-pulizia (Fig. 6.23).

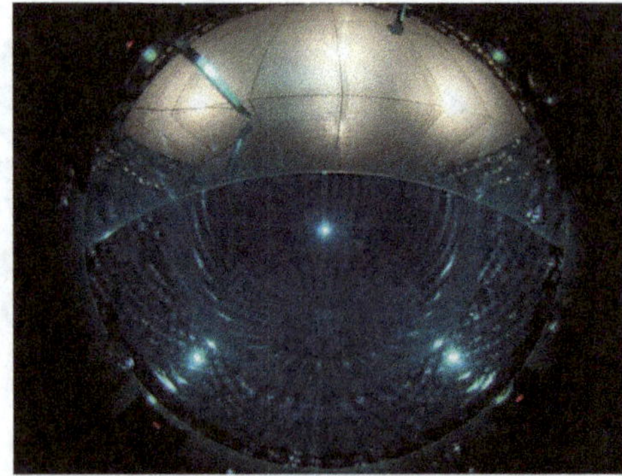

Figura 6.21 L'acqua viene introdotta dal basso, riempiendo contemporaneamente l'Inner Vessel, lo Shroud e la Sfera SSS

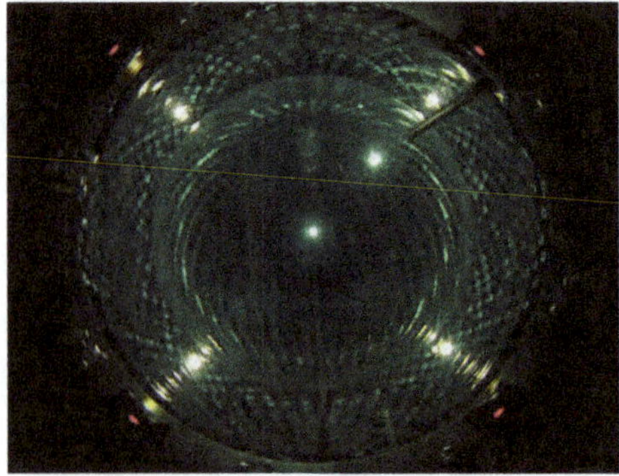

Figura 6.22 Completamento del riempimento con acqua

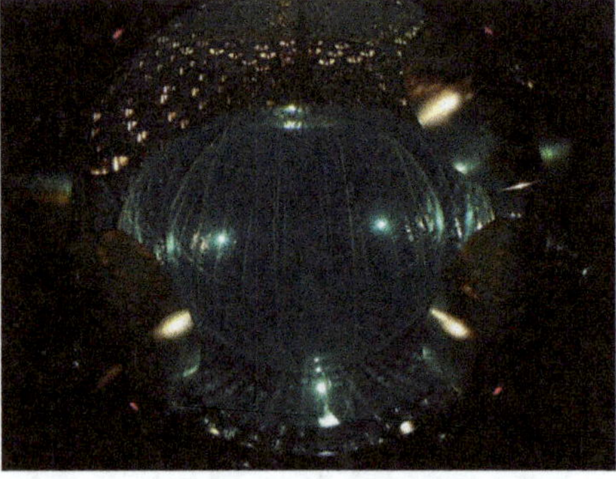

Figura 6.23 Il riempimento sia dell'Inner Vessel che della sfera è stato completato. Queste fotografie sono state acquisite utilizzando le telecamere installate all'interno della sfera SSS

Figura 6.24 La collaborazione Borexino nel 2017

Infine, la Water Tank fu riempita con acqua altamente purificata proveniente dal nostro impianto. Il processo di riempimento ebbe inizio a metà gennaio 2007 e si concluse il 17 aprile dello stesso anno. Con ciò, finalmente potevamo iniziare a raccogliere dati sulle interazioni dei neutrini.

Erano trascorsi 19 anni da quando avevo iniziato a discutere dell'esperimento e 17 anni da quando avevamo cominciato a lavorarci! Per segnare l'occasione, Stefano Gazzana aveva preparato delle T-shirt con il logo Borexino sul davanti e un diagramma del rivelatore sul retro. Finalmente, potevamo rilassarci un po' e organizzammo una celebrazione per commemorare questo traguardo (Fig. 6.24 e 6.25).

Cubaiu fu poi richiamato e, questa volta, sostenuto finanziariamente dai tedeschi e da Princeton per rivedere le loro strutture. Era ancora presente al Gran Sasso quando il devastante terremoto del 2009 colpì L'Aquila, registrando valori massimi di 7,2–7,3 sulla scala Richter. Fortunatamente, il laboratorio sotterraneo non subì danni, poiché i terremoti tendono a influenzare molto meno il sottosuolo, in quanto le rocce sono racchiuse tra due strati. Ricordo che Cubaiu effettuò immediatamente un'ispezione e ci informò che tutto era in ordine per le nostre strutture.

Durante tutto questop eriodo, il mio ruolo consisteva nel condurre l'esperimento e nel guidare la collaborazione, composta da fisici altamente qualificati

Figura 6.25 Celebrazione del 20 aprile 2007, che segna l'inizio della raccolta dati. Da sinistra, dopo la persona che tiene la fotocamera: Viktor Machulin (Kurchatov), Laura Perasso, Giulio Manuzio, Fausto Soricelli (che beve), Ambrogio Cubaiu (visto da dietro), Surovov (Dubna, con i capelli lunghi), io (che tengo in mano un bicchiere) e, alla mia sinistra, Marco Pallavicini ed Elena Guardincelli (Genova)

che spesso non erano d'accordo tra loro. Di conseguenza, mi sono spesso trovato a dover mettere da parte questioni individuali dei membri della collaborazione, altrimenti non sarei stato in grado di proseguire con l'esperimento. Questo mi rattrista un po', poiché credo che un essere umano valga più di qualsiasi esperimento. Tuttavia, ho trovato grande consolazione quando Cubaiu mi disse che quel periodo era stato il migliore della sua vita, poiché aveva trovato sia degli amici sia una grande famiglia. Ciò mi fece sentire di aver contribuito a portare un senso di armonia all'interno della collaborazione, anche in mezzo alle sfide del nostro lavoro.

Approfondimento A.6.1

Vorrei ribadire che i neutrini non hanno carica elettrica e, pertanto, non possono perdere energia nello scintillatore. Tuttavia, essi collidono con un elettrone degli atomi dello scintillatore, trasferendovi la loro energia—o una parte di essa. L'elettrone, essendo elettricamente carico, perde energia mentre si muove attraverso lo scintillatore, energia che viene poi convertita in fotoni luminosi. Questi fotoni raggiungono l'"occhio" del fotomoltiplicatore, il quale li converte in elettroni amplificandoli nel processo e infine in impulso elettrico.

Una volta che l'impulso elettrico raggiunge l'elettronica, esso viene analizzato ed elaborato (il "processo elettronico"). L'impulso viene amplificato, convertito in un segnale digitale (trasformando il segnale analogico in digitale) e accettato in base a un "trigger". Il trigger accetta l'impulso se vengono soddisfatte determinate condizioni, la più importante delle quali è il numero minimo di fotomoltiplicatori che devono essere colpiti dai fotoni. Questo numero è determinato secondo criteri specifici, facilmente comprensibili: anche una minima perdita di energia deve produrre un numero sufficiente di fotoni da coinvolgere un certo numero di fotomoltiplicatori. Al di sotto di questo numero, l'impulso potrebbe essere un evento spurio, come quello generato da fluttuazioni elettroniche o altri fenomeni di disturbo.

Gli impulsi accettati vengono poi processati dal sistema di Data Acquisition (DAQ), un programma che trasforma l'impulso in un insieme di dati di input, successivamente memorizzati nella memoria del computer. Questi dati di input devono corrispondere ai parametri necessari per il programma di ricostruzione, che estrae l'energia dell'evento e la sua posizione nello spazio dello scintillatore. Prima di entrare nel programma di ricostruzione, però, i dati elaborati vengono sottoposti a un controllo di qualità. Questa fase scarta qualsiasi dato potenzialmente problematico, come quelli causati da malfunzionamenti dell'elettronica (ad esempio, tarature non corrette o componenti difettosi) o da guasti nei fotomoltiplicatori, che possono degradarsi nel tempo. Dopo aver superato questi controlli, i dati entrano nel programma di ricostruzione e vengono poi interpretati dai ricercatori.

7

Cosa alimenta il Sole?
Raccolta dati, calibrazione, analisi dei dati, reazioni di fusione nel Sole

Nell'aprile del 2007 abbiamo iniziato a raccogliere dati, che sono stati sottoposti a selezione e verifica. Con il programma di ricostruzione è stato valutata l'energia dei componenti e la posizione della singola interazione. Il nostro obiettivo iniziale era analizzare i segnali derivanti dalla reazione di fusione che coinvolge il Berillio-7. Prima di passare allo studio dei neutrini emessi da altre reazioni di fusione, abbiamo dato priorità alla calibrazione del rivelatore e all'ulteriore purificazione dello scintillatore. Completate queste fasi, abbiamo ripreso l'analisi dei dati e ricostruito l'energia dei neutrini emessi dalla reazione del Boro-8, dalla cosiddetta reazione pep e dalla reazione pp—la progenitrice della catena che porta il suo nome. Questo lavoro è stato notevolmente complicato dalla presenza di contaminanti radioattivi residui nello scintillatore. Nonostante queste difficoltà, alla fine siamo riusciti nell'impresa, diventando il primo esperimento a identificare singolarmente le reazioni di fusione del ciclo solare che emettono neutrini.

7.1   Il rivelatore funziona efficacemente

Nel maggio del 2007 abbiamo iniziato la raccolta dei dati, registrando informazioni sugli elettroni colpiti dai neutrini. Una volta acquisiti, i dati hanno subito un processo piuttosto complesso, che includeva il controllo di qualità, prima di essere archiviati nella memoria del computer. Questa raccolta è avvenuta senza interruzioni, poiché il Sole emette continuamente enormi quantità di neutrini: come già accennato, circa 60 miliardi di neutrini per centimetro quadrato al secondo.

© The Author(s), under exclusive license to Springer Nature Switzerland AG 2025
G. Bellini, *Come e perché il sole e le stelle brillano*,
https://doi.org/10.1007/978-3-031-98858-5_7

La struttura organizzativa in atto durante la costruzione del rivelatore è stata parzialmente modificata per soddisfare le esigenze di raccolta dati, analisi e interpretazione scientifica. Queste attività richiedono persone molto esperte nell'elaborazione dei dati, nell'interpretazione teorica e nell'utilizzo di applicazioni informatiche avanzate. Sono stati formati gruppi di lavoro per l'analisi dei dati, ciascuno con un compito specifico. Un gruppo ha lavorato sul codice per ricostruire la posizione e l'energia delle interazioni, un altro sull'estrazione dei dati relativi all'energia dei neutrini per specifiche reazioni nucleari nel Sole, un altro ancora sul codice di simulazione (i cosiddetti calcoli Monte Carlo). Abbiamo anche nominato un coordinatore per supervisionare questi lavori e abbiamo scelto Gemma Testera per questo ruolo. Alcuni membri della collaborazione, che durante la nostra pausa forzata avevano lavorato ad altri esperimenti, sono tornati per dedicarsi all'analisi dei dati. Inoltre, nuovi ricercatori hanno manifestato interesse a unirsi alla collaborazione. Nel frattempo, un gruppo russo dell'Istituto di Fisica Nucleare di San Pietroburgo a Gatchina si è aggiunto alla nostra collaborazione.

Si è poi presentato un problema spinoso: come riconoscere equamente il contributo di chi aveva partecipato fin dalle prime fasi e aveva avuto un ruolo fondamentale nell'installazione e nel funzionamento del rivelatore? Durante i 17 anni di sviluppo dei metodi di purificazione e di costruzione del rivelatore, avevo adottato la pratica di menzionare nei lavori scientifici le responsabilità chiave di alcune persone, includendo una nota a piè di pagina con il loro ruolo, come "responsabile del progetto" o "coordinatore del gruppo operativo". Per i nuovi membri, si è deciso che avrebbero dovuto attendere un anno prima di poter essere coautori degli articoli scientifici. Allo stesso modo, i membri che lasciavano la collaborazione avrebbero continuato a essere accreditati per due anni. Ci siamo anche posti il problema di come trattare coloro che avevano contribuito fino all'interruzione legale nel 2002 ma in seguito si erano trasferiti ad altri esperimenti, pubblicando risultati in altre riviste scientifiche. Di questo parlerò più avanti.

La ricostruzione dell'energia e della posizione delle interazioni neutrino-elettrone è fondamentale per raggiungere gli obiettivi dell'esperimento. L'energia è un parametro chiave perché ogni reazione di fusione produce neutrini con energie specifiche, permettendoci di identificare le reazioni nucleari in base al loro spettro energetico. Questo è esattamente ciò che abbiamo realizzato. Allo stesso tempo, la posizione dell'interazione nello spazio dello scintillatore è essenziale per distinguere i segnali dei neutrini solari dagli eventi di fondo causati da contaminanti.

Quando abbiamo iniziato la raccolta e l'analisi dei dati, non ero sicuro che saremmo riusciti a rivelare i neutrini solari, poiché l'esperimento restava estremamente complesso nonostante l'elevato livello di radio-purezza raggiunto. È emerso rapidamente che erano ancora presenti tracce di elementi radioattivi nello scintillatore, in quantità minime ma sufficienti a interferire con il segnale dei neutrini. Per esempio, abbiamo rilevato residui di Polonio-210 e Bismuto-210, entrambi situati nella stessa regione energetica dei neutrini solari. Questi due radionuclidi fanno parte della catena di decadimento naturale dell'Uranio-238.

I primi neutrini che abbiamo misurato sono prodotti dalla reazione di fusione del nucleo di Berillio-7 con un elettrone, che porta alla formazione di Litio-7. Il Berillio-7 ha quattro protoni e tre neutroni nel suo nucleo, risultando carico positivamente; quando si fonde con un elettrone, diventa un nucleo stabile ed elettricamente neutro con tre protoni e quattro neutroni. Questa reazione produce un'energia ben definita. Come già spiegato, in Borexino misurare i neutrini significa misurare l'energia degli elettroni colpiti dai neutrini. Gli elettroni acquisiscono parte dell'energia cinetica dei neutrini e possono quindi avere energie variabili fino a un massimo corrispondente all'energia totale trasportata dai neutrini. I neutrini prodotti dalla fusione del Berillio-7 hanno tutti la stessa energia di 862 keV. Quando questi neutrini colpiscono un elettrone, possono trasmettergli un'energia compresa tra zero e il massimo disponibile di 862 keV, caratteristica molto specifica che permette di riconoscere con precisione questi elettroni e i neutrini che li hanno colpiti. Una complicazione deriva dal fatto che il Polonio-210 emette radiazioni proprio in questa regione energetica, rendendo necessario un attento lavoro di analisi dei dati per distinguere i neutrini dal fondo radioattivo (per chi volesse approfondire, rimando all'Approfondimento A.7.1, dove il problema è spiegato nel dettaglio), utilizzando strumenti software specifici. Abbiamo iniziato l'analisi con questa reazione di fusione perché, da un lato, ha una distribuzione caratteristica e, dall'altro, garantisce il maggior numero di interazioni con i neutrini; in realtà il maggior numero di interazioni sarebbe quello della reazione capostipite della catena pp, cioè la reazione pp di fusione di due nuclei di idrogeno, ma, dato che non possiamo misurare energie inferiori a 150 keV (dove si trova la maggior parte dei neutrini della fusione protone-protone), le interazioni più frequenti che possiamo misurare sono quelle del Be-7.

Spero che questo esempio aiuti il lettore a comprendere come viene condotta l'analisi dei dati.

Abbiamo iniziato la raccolta dei dati nel maggio 2007 e, già a settembre dello stesso anno, avevamo ottenuto la prima distribuzione energetica dei neutrini prodotti dalla reazione con il Berillio-7. Questo risultato, che ho presentato alla conferenza mondiale TAUP (Topics in Astroparticle and Underground Physics), ha suscitato grande interesse. È stata la prima volta che il flusso di neutrini solari a bassa energia è stato misurato in tempo reale, isolando il contributo di una singola reazione nucleare del Sole, specificamente con un'energia inferiore a 1 MeV. Alla conferenza, che si è tenuta a Sendai, in Giappone, il nostro risultato è stato considerato il più importante tra quelli presentati. Per fornire ulteriori dettagli, ci è stato assegnato un intervento anche in una sessione parallela, tenuto da Marco Pallavicini. Il risultato ha destato entusiasmo anche in altre comunità scientifiche: quando si è diffusa la notizia che eravamo riusciti a misurare i neutrini prodotti dal Berillio-7, era in corso un incontro della collaborazione SNO. All'annuncio, è scoppiato un applauso, come mi ha riferito uno dei membri di SNO, credo Mark Chen, che aveva partecipato ai primi anni di Borexino.

Il risultato ha generato un intenso dibattito tra i membri europei di Borexino, coordinati da Gemma Testera, e quelli americani, guidati da Christian Galbiati. Il punto centrale della discussione riguardava il livello di incertezza della misura. Dopo mesi di analisi, si è stabilito che la valutazione del gruppo europeo era la più corretta.

Ovviamente, volevamo pubblicare subito questo risultato rivoluzionario, ma è sorta una disputa tra me e Frank Calaprice su chi dovesse firmare il primo articolo. Sostenevo che questo primo articolo doveva essere firmato solo da quelli che avevano continuato l'attività in Borexino escludendo quelli che se ne erano andati all'inizio della sospensione dei lavori e avevano firmato altri articoli con gli esperimenti presso i quali avevano lavorato. Frank invece sosteneva che i firmatari dovevano essere tutti quelli che in qualche modo avevano contribuito all'esperimento.

Alla fine, la mia visione ha prevalso per il primo articolo, mentre nel secondo, più completo, tutti coloro che avevano contribuito anche in un tempo limitato all'esperimento sono stati inclusi tra gli autori.

7.2   Un flash sulla composizione del Sole

Il lavoro di un fisico sperimentale, e più in generale degli scienziati sperimentali, consiste nel bilanciare la ricerca di temi generali con la risoluzione di sfide tecnologiche. Nel nostro caso, questo equilibrio include sia la ricerca per comprendere il funzionamento dell'universo—come operano le stelle e quanto sia stabile il nostro Sole—sia il superamento degli ostacoli tecnologici, senza i quali tali ricerche sarebbero impossibili.

Ad esempio, nel caso di Borexino, i risultati che abbiamo ottenuto dipendevano interamente dal livello di radio-purezza che siamo riusciti a raggiungere, grazie a un insieme di tecnologie avanzate e alle loro applicazioni altamente

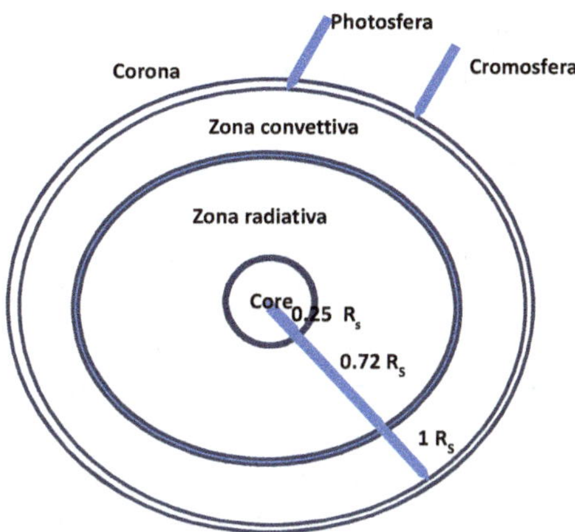

Figura 7.1 Schema del Sole

specializzate. Anche per me, personalmente, questa dicotomia—tra la ricerca di profonde conoscenze scientifiche e la costruzione delle condizioni sperimentali necessarie per ottenere risultati significativi—è sempre stata centrale. Essere fisico non è semplicemente un mestiere come un altro, ma nasce da un profondo desiderio di comprendere il significato del mondo che ci circonda. Sebbene le risposte che ho trovato, e continuo a trovare, rappresentino solo piccoli tasselli del puzzle, ciascuno di essi contribuisce al patrimonio di conoscenza dell'umanità. L'obiettivo dell'analisi dei dati qui descritta è quello di svelare i meccanismi che permettono al Sole di brillare—una delle tante condizioni essenziali per la vita sulla Terra. Prima di approfondire i risultati, però, è utile avere una panoramica generale del Sole. Di seguito, propongo una breve esplorazione della sua struttura (Fig. 7.1).

Il nucleo del Sole è la regione in cui avvengono le reazioni di fusione, responsabili della produzione dell'energia che lo fa risplendere. Il nucleo occupa circa il 10% del raggio solare, ha una densità 20 volte superiore a quella dell'acciaio e raggiunge temperature di circa 15 milioni di gradi. Tutte le reazioni termonucleari studiate nei nostri esperimenti avvengono all'interno di questo nucleo.

Attorno al nucleo si trova la zona radiativa, dove l'energia si propaga lentamente verso l'esterno. Per attraversare questa zona, l'energia impiega più di 170.000 anni. Oltre la zona radiativa si estende la zona convettiva, dove l'energia si sposta verso la superficie del Sole attraverso colonne termiche turbolente. In questa zona la temperatura è scesa a circa 5700 gradi.

L'atmosfera del Sole è composta da diversi strati, come la fotosfera, la cromosfera e la corona. La fotosfera è la superficie visibile del Sole; al di sotto di essa, il Sole diventa opaco alla luce visibile. La regione più fredda del Sole, situata circa 500 km sopra la fotosfera, ha una temperatura di circa 4100 gradi.

La cromosfera e la corona sono molto più calde della superficie del Sole, ma la ragione di questo fenomeno non è ancora ben compresa. La cromosfera prende il suo nome dal fatto che appare come un lampo colorato all'inizio e alla fine delle eclissi solari totali. La sua temperatura aumenta gradualmente, raggiungendo fino 20.000 °C nel suo punto massimo. La corona, invece, raggiunge l'incredibile temperatura di 1 milione di gradi, con gli elementi al suo interno che emettono raggi X e l'estremo ultravioletto. La materia incandescente che si propaga dalla corona è modellata dalle linee del campo magnetico in forme aerodinamiche chiamate streamers coronali, che si estendono per milioni di chilometri nello spazio. Tra tutti questi strati solari, la parte più importante—e quella che ci riguarda maggiormente—è il nucleo.

Il riferimento per comprendere la composizione e il funzionamento del Sole è il Modello Solare Standard (SSM), un quadro teorico ampiamente accettato e paradigmatico. Come già spiegato nel capitolo 3, il padre di questo modello è il fisico americano John N. Bahcall, che lo ha sviluppato nel corso di quasi cinquant'anni, lavorando da solo o con alcuni suoi allievi. Il modello descrive l'evoluzione del Sole sin da quando la protostella era ancora in fase di contrazione. Esso assume che il Sole sia una sfera di gas in equilibrio idrostatico, bilanciato tra le forze gravitazionali che tendono a comprimerlo e il gradiente di pressione che si oppone a questa compressione. Il modello assume inoltre che il Sole sia sfericamente simmetrico, che il suo nucleo ruoti lentamente e che i suoi campi magnetici interni siano approssimativamente uguali a quelli della sua superficie. La composizione chimica del Sole alla sua origine è considerata analoga a quella della fotosfera, con il 71% di idrogeno, il 27% di elio e il 2% di elementi più pesanti. Le verifiche del modello si concentrano su parametri come la massa del Sole, la sua temperatura superficiale e la sua luminosità (l'energia solare che raggiunge la Terra per unità di tempo). Un'importante conferma del modello proviene dall'eliosismologia, che studia le oscillazioni interne del Sole, causate principalmente da onde di pressione generate al suo interno e trasportate convettivamente verso la superficie. Nel nostro contesto, il Modello Solare Standard (SSM) è particolarmente significativo per le sue previsioni sui flussi di neutrini solari, sulla loro distribuzione energetica e sulla distribuzione di densità e temperatura nell'atmosfera solare.

L'affidabilità del SSM è considerata molto elevata. Il problema dei neutrini solari è sorto a causa delle discrepanze tra i flussi di neutrini misurati nei quattro esperimenti dei quali abbiamo parlato precedentemente, e le previsioni del SSM. Come spiegato in precedenza, questa discrepanza non era dovuta a un difetto del modello, ma al fatto che questi esperimenti rilevavano solo uno dei tre tipi di neutrini, ovvero i neutrini elettronici. Sebbene il Sole emetta solo neutrini elettronici, il fenomeno dell'oscillazione fa sì che alcuni di essi si trasformino negli altri due tipi. Il problema è stato risolto grazie all'esperimento canadese SNO, che ha rivelato le interazioni di tutti e tre i tipi di neutrini nell'acqua pesante (abbiamo già discusso di questo esperimento nel Capitolo 3).

Il Sole è una stella di medie dimensioni e nell'Universo esistono molte stelle di dimensioni simili. Il processo principale di produzione di energia in queste stelle è la catena pp (protone-protone). Tuttavia, la situazione è diversa per le stelle massive, che hanno almeno il 30% di massa in più rispetto al Sole; in esse la fusione dell'idrogeno avviene in modo diverso, come spiegheremo in seguito. Le stelle si formano all'interno di nubi molecolari—regioni di gas relativamente denso presenti nelle regioni interstellari. Queste nubi sono composte principalmente da idrogeno, con elio in una percentuale compresa tra il 23% e il 28%, oltre a tracce di elementi più pesanti.

Dopo la loro formazione, le stelle trascorrono circa il 90% della loro vita in una fase stabile chiamata *sequenza principale*, durante la quale fondono idrogeno trasformandolo in elio sotto l'azione di alte temperature e pressioni. La durata della fase di sequenza principale di una stella dipende principalmente dalla quantità di combustibile nucleare disponibile e dalla velocità con cui viene consumato. Il Sole, attualmente nella sua fase di sequenza principale, ha un ciclo di vita stimato in circa 10 miliardi di anni. Le stelle più grandi, invece, consumano il loro combustibile più rapidamente e hanno quindi una durata di vita molto più breve. La fase della sequenza principale termina quando l'idrogeno nel nucleo di una stella viene completamente convertito in elio attraverso la fusione nucleare. L'evoluzione successiva di una stella dipende dalla sua massa e segue percorsi differenti in base a questa caratteristica.

Tutto ciò che è stato discusso qui sulle stelle—le loro caratteristiche e temperature—si applica alle stelle che si trovano nella fase della sequenza principale.

7.3 La calibrazione

Dopo aver misurato il flusso dei neutrini di Berillio-7, abbiamo continuato a raccogliere dati fino all'autunno del 2010. Durante l'analisi, ci siamo resi conto della necessità di calibrare il rivelatore. Ma cosa significa calibrazione? Significa trovare una corrispondenza tra i dati forniti dal rivelatore e un'energia nota, corrispondente a qualcosa di ben definito.

Uno dei compiti principali nella ricostruzione dei dati è stimare l'energia rilasciata durante le interazioni. Per farlo, dobbiamo determinare con precisione

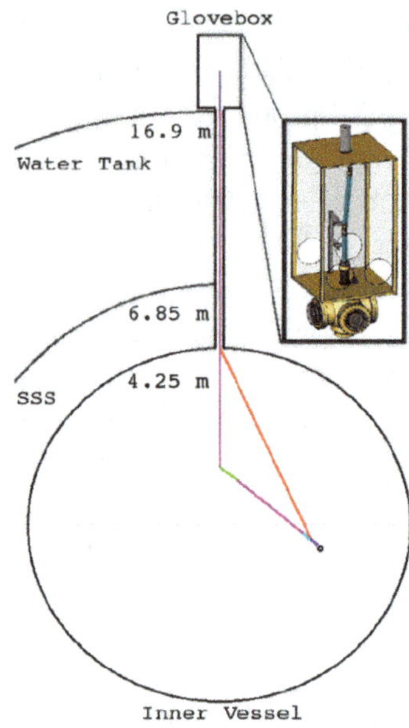

Figura 7.2 Il sistema di calibrazione utilizzato da Borexino

come estrarre le informazioni sull'energia dai dati. Una prima calibrazione era stata fatta sfruttando i segnali degli elementi radioattivi residui, in particolare il Polonio-210 e Bismuto-210, che emettono radiazioni di energia ben nota. Tuttavia, per una stima più precisa dell'energia e una ricostruzione accurata del punto spaziale in cui è avvenuta l'interazione neutrino-elettrone, era necessaria una calibrazione più raffinata.

Un metodo efficace consiste nell'introdurre nello scintillatore sorgenti radioattive artificiali che emettono radiazioni di energia fissa. Queste sorgenti depositano la loro energia nello scintillatore e, posizionandole in vari punti all'interno del Inner Vessel, si può verificare che la risposta energetica sia uniforme in tutto il volume dello scintillatore. Per raggiungere questo obiettivo, abbiamo utilizzato undici sorgenti montate all'estremità di un braccio mobile collegato a un'asta (Fig. 7.2).

La sfida principale era garantire che l'inserimento di queste sorgenti nello scintillatore non compromettesse la sua radiopurezza. Per affrontare questo problema, abbiamo installato una camera bianca di Classe 10 sopra la Water Tank, dotata di un glove box—una camera sigillata accessibile solo tramite guanti integrati (Fig. 7.3). La glove box veniva costantemente purificata con azoto ultrapuro per mantenere la pulizia. Inoltre, le sorgenti radioattive ve-

Figura 7.3 Schema di un glove box

nivano accuratamente pulite con detergenti e acidi prima di essere collocate all'interno della camera.

Nonostante tutte queste precauzioni, alla fine delle operazioni di calibrazione è stato osservato un leggero aumento della radioattività nello scintillatore.

Il problema dell'uso di sorgenti radioattive è sempre molto complesso per motivi di sicurezza; esse vengono preparate da aziende specializzate che le consegnano chiuse in contenitori in grado di bloccare la radiazione emessa, i quali vengono ovviamente rimossi al momento dell'utilizzo.

Ricordo un episodio. In passato avevamo avuto la necessità di utilizzare una sorgente radioattiva, incontrando alcune difficoltà legate alle normative di sicurezza e ai tempi di consegna da parte delle aziende specializzate. Il nostro collega Oleg Zaimidoroga, responsabile del gruppo di Dubna che lavorava in Borexino, arrivò nel nostro dipartimento di fisica verso mezzogiorno, era forse il 2001, e dopo i saluti ci disse che aveva qualcosa per noi. Poi mise la mano nella tasca dei pantaloni e tirò fuori una sorgente radioattiva. Rimanemmo tutti molto sorpresi, pensando che Oleg fosse arrivato in aereo da Mosca a Milano con una sorgente radioattiva in tasca. Devo precisare che la sorgente emetteva solo neutrini e particelle alfa (nuclei di elio), che vengono fermate dallo strato più esterno della pelle, in questo caso la pelle umana. Ovviamente, la sorgente venne poi riposta in un luogo sicuro nel laboratorio dove venivano conservate le sorgenti radioattive, e non ricordo se venne effettivamente utilizzata o meno. Ciò che è notevole è che Oleg, con nostra grande sorpresa, ci disse che non vedeva quale fosse il problema e che in Russia si utilizzavano sorgenti molto più grandi, ovviamente opportunamente schermate, come fonte di calore in alcune regioni della Siberia.

Grazie alla calibrazione, abbiamo misurato l'errore nella posizione dell'interazione ricostruita (circa 10 cm) e nella stima dell'energia (circa 1,5%).

7.4   Una seconda radio-purificazione

Dopo aver misurato i neutrini provenienti dalla reazione di fusione con il Berillio, durante una riunione generale della collaborazione, Frank Calaprice osservò: *"Quindi, abbiamo completato l'esperimento!"* Inizialmente, l'obiettivo dell'esperimento era misurare i neutrini del Berillio, poiché tra le reazioni della catena pp questi sono i meno difficili da rilevare, grazie al loro buon flusso e a un'energia di 862 keV, ben al di sopra della nostra soglia di 150 keV, ma noi non avevamo alcuna intenzione di fermarci. Puntavamo invece a misurare i flussi di neutrini provenienti da altre reazioni nucleari nel Sole, in particolare la fusione di due protoni e un elettrone (**pep**) e la reazione che coinvolge il **Boro-8**. Per queste misurazioni, un miglioramento della radiopurezza sarebbe stato estremamente vantaggioso.

Verso la fine dell'estate del 2010, procedemmo con una seconda purificazione utilizzando metodi significativamente diversi rispetto a quelli impiegati durante il riempimento iniziale, quando avevamo utilizzato la distillazione. In questa seconda purificazione, l'Inner Vessel era già riempito con lo scintillatore, in cui solvente e soluto erano mescolati, rendendo la distillazione impossibile, poiché avrebbe separato i due componenti. Il gruppo operativo, tra cui Cubaiu, guidò questo lavoro con il supporto di alcuni membri del gruppo di Princeton, incluso Frank. Optammo per un processo di estrazione continua con acqua, che preservava la composizione dello scintillatore. In questo metodo, lo scintillatore veniva prelevato dal fondo della sfera interna, trattato tramite estrazione con acqua e reimmesso dall'alto. Questa tecnica aveva un'efficienza inferiore rispetto a quella iniziale, perché lo scintillatore purificato si mescola ogni volta con quello non ancora trattato. Ogni ciclo completo di trattamento del volume totale portava a un fattore di miglioramento di circa 2,3.

Abbiamo eseguito quattro cicli completi in un periodo di circa 11 mesi. I risultati furono eccellenti: il contenuto di Uranio si ridusse a un solo nucleo radioattivo e il Torio a sette nuclei radioattivi su 10 miliardi di miliardi di nuclei di materiale. La radiopurezza migliorò notevolmente e anche altri contaminanti, come il Cripton, registrarono un miglioramento significativo, con un fattore di radiopurezza di circa 4,5.

7.5 Scopriamo cosa accade nel Sole e come viene prodotta la sua energia.

Dopo questa seconda purificazione, completata nell'estate del 2011, abbiamo continuato a raccogliere dati fino al 2016. Questo periodo è stato denominato Fase 2. Durante questa fase, abbiamo affrontato analisi sempre più complesse, concentrandoci sui neutrini derivanti dalla reazione pep (la fusione di due nuclei di idrogeno e un elettrone) e sulla reazione progenitrice pp (la fusione di due nuclei di idrogeno). Abbiamo anche riesaminato i neutrini della reazione che coinvolge il Berillio-7, riuscendo a ridurre significativamente l'incertezza della misura finale al 2,7%. (negli Approfondimenti A.7.1, A.7.2, A.7.3 è possibile vedere come i vari segnali di neutrini e i segnali residui dei contaminanti interferiscano tra loro.)

Nel frattempo abbiamo incontrato un altro problema: si era sviluppata una perdita nell'Inner Vessel, causando la mescolanza di una piccola quantità di scintillatore con il buffer liquid. All'interno della collaborazione, abbiamo discusso a lungo le possibili soluzioni. Ero fortemente contrario allo svuotamento del rivelatore, alla riparazione del Vessel e a rifare tutto il lavoro, compresa la purificazione. Un tale processo avrebbe annullato i risultati delle due precedenti purificazioni. Alla fine, si è deciso di non toccare il rivelatore, ma di monitorare attentamente la perdita. Da quel momento in poi, abbiamo dovuto controllare frequentemente la forma del Vessel per tenere conto di eventuali deformazioni.

Ora evidenzierò alcune delle sfide specifiche affrontate nello studio dei neutrini provenienti dalle reazioni pep e pp.

I neutrini pep presentano un profilo energetico simile a quello dei neutrini del Berillio-7, poiché entrambi sono mono-energetici. La loro distribuzione di energia aumenta da zero fino a un massimo quando i neutrini trasferiscono tutta la loro energia all'elettrone con cui collidono. Tuttavia, la principale difficoltà dei neutrini pep è il loro tasso estremamente basso: solo tre o quattro eventi al giorno. Inoltre, la loro finestra energetica è dominata dal Carbonio-11, un isotopo radioattivo del carbonio. Questo isotopo non può essere eliminato tramite purificazione poiché viene continuamente prodotto dai muoni (particelle μ); come accennato in precedenza, la maggior parte dei muoni viene bloccata dalla sovrastante copertura rocciosa del laboratorio, ma circa sei muoni per metro quadrato ogni cinque ore riescono comunque a penetrare. Poiché il Carbonio-11 viene prodotto continuamente e non può essere rimosso con la purificazione, la sua interferenza deve essere ridotta attraverso metodi software. Ciò viene realizzato mediante due processi di selezione che ne riducono la presenza al 5%. Dopo queste correzioni, è stato possibile estrarre con precisione il flusso di neutrini prodotti nella reazione pep (Approfondimento A.7.4).

La difficoltà nello studio del flusso di neutrini pp risiede nella loro energia estremamente bassa, che si sovrappone all'intervallo energetico del Carbonio-14. Inoltre, alcuni di questi neutrini hanno livelli energetici inferiori alla soglia di rilevamento, ovvero il valore minimo di energia che il rivelatore è capace di rivelare. Sebbene la soglia energetica standard sia di 150 keV, in questo caso siamo riusciti a ridurla a 120 keV (Approfondimenti A.7.2 e A.7.3). La misurazione dei neutrini pp provenienti dalle reazioni di fusione è stata un risultato straordinario, raggiunto dopo oltre sette anni di lavoro. Con questa scoperta, abbiamo misurato tutte le reazioni di fusione che emettono neutrini nella catena protone-protone, responsabile del 99% dell'energia del Sole. Abbiamo così completato un percorso iniziato negli anni '30, quando Hans Bethe propose che l'energia solare fosse prodotta attraverso la catena protone-protone.

Confrontando i flussi che abbiamo misurato con le previsioni del Modello Solare Standard, abbiamo riscontrato una buona concordanza entro le incertezze sia delle misure sperimentali sia delle previsioni del modello. Questo risultato ha suscitato un enorme interesse nella comunità astrofisica perché, per oltre 80 anni, nessuno era riuscito a dimostrare l'esistenza delle singole reazioni di fusione nel Sole che emettono neutrini. Questa scoperta, riassunta in un articolo pubblicato su *Nature*, una delle più prestigiose riviste scientifiche nel 2014, è stata riconosciuta dal *Physics World* dell'Institute of Physics (IOP) britannico, come uno dei dieci migliori risultati scientifici a livello mondiale del 2014. Inoltre, le Poste Italiane hanno emesso un francobollo commemorativo per celebrare questo traguardo. Personalmente, ho avuto l'onore di ricevere il Premio Internazionale Bruno Pontecorvo, assegnato da un comitato di fisici canadesi, giapponesi, italiani e russi, oltre al Premio Enrico Fermi, il massimo riconoscimento italiano in fisica, mentre il responsabile del gruppo polacco di Cracovia, Marcin Wójcik, ha ricevuto un premio dal Primo Ministro polacco (Fig. 7.4).

Il lettore potrebbe chiedersi: è davvero così importante comprendere il meccanismo che fa brillare il Sole? A questa domanda si possono dare varie risposte.

La prima, molto generale, è che la ricerca della conoscenza è una sfida continua per l'umanità. Come diceva un mio caro amico biologo, ormai scomparso: *"La camicia che l'uomo ha indosso è troppo stretta per lui"*. Con questa frase intendeva dire che l'essere umano prova sempre un senso di incompletezza ed è spinto a superare i propri limiti.

La seconda risposta, più specifica, è che lo studio del cielo sopra di noi, portato avanti dal lavoro di molti scienziati, aveva un tassello mancante: com'è

Figura 7.4 Premi e riconoscimenti ricevuti da Borexino e da me nel 2014 (Premio Pontecorvo) e nel 2017 (Premio Fermi). Inoltre, il premio ricevuto da Marcin Wójcik nel 2009

possibile che il Sole sia così potente da fornire luce e calore all'intero sistema solare? Come spiegato in precedenza, le scoperte fatte in questo esperimento sul Sole—e che in futuro si estenderanno alle stelle—forniscono risposte alle domande di tutti coloro che, nel corso dei millenni, hanno guardato le luci nel cielo chiedendosi perché brillassero. Credo che, per tutti noi, non sia di scarso interesse comprendere com'è fatto e come funziona tutto ciò che ci circonda.

La terza risposta riguarda la scienza nel suo complesso. La scienza, come una delle fondamenta della conoscenza, precede la tecnologia; quest'ultima, in parte, non potrebbe esistere senza la comprensione dei fenomeni ottenuta grazie alla scienza fondamentale. Più volte, scoperte ritenute prive di applicazioni pratiche si sono poi rivelate di grande utilità. Gli esempi che lo dimostrano sono innumerevoli.

Ma esistono anche altre prospettive. Mentre studiavamo i neutrini solari, un giornalista britannico venne al Gran Sasso per intervistarmi. Successivamente, mi inviò una bozza del suo articolo per approvazione. Nelle righe finali descriveva il suo ritorno a Roma al tramonto, con il cielo tinto di rosso. Si chiedeva se comprendere il funzionamento del Sole e sapere che emette un'immensa quantità di neutrini non diminuisse, in qualche modo, il mistero e la poesia attorno alla nostra stella. Allo stesso modo, rifletteva su come le notti illuminate dalla Luna, dopo le missioni spaziali che ci hanno rivelato la sua composizione, potessero aver perso parte della magia che un tempo influenzava le emozioni degli innamorati.

A livello personale, vorrei aggiungere che questo successo non solo ha rappresentato un traguardo importante, ma mi ha anche sollevato dalla preoccupazione che nutrivo per i giovani fisici impegnati in questo esperimento: se avessimo fallito, avrebbero certamente subìto battute d'arresto nelle loro car-

Figura 7.5 Targa realizzata dai ricercatori e tecnici di Borexino—È dedicata a Gianpaolo (GBP) e la frase incisa recita: *"Grazie per aver condiviso con tutti noi questa splendida avventura."*

riere scientifiche e ho provato una profonda gratificazione nel ricevere espressioni di gratitudine da parte dei fisici e degli ingegneri del Gran Sasso, membri di Borexino, che mi hanno ringraziato per averli coinvolti in questa straordinaria avventura (Fig. 7.5).

Approfondimento A.7.1

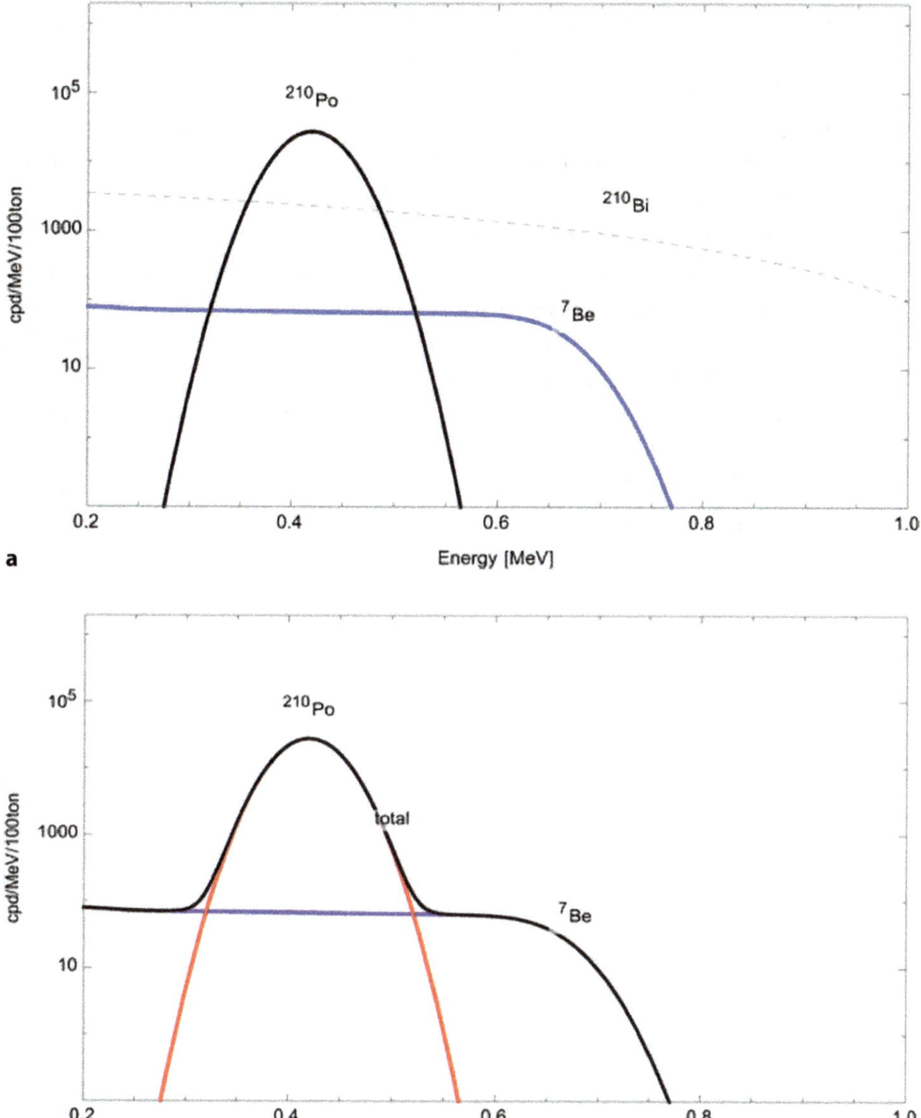

In questi grafici, è possibile osservare le distribuzioni di energia. Sull'asse orizzontale sono riportati i valori di energia, mentre su quello verticale è indicata la frequenza, che rappresenta quante volte un determinato valore di energia corrisponde a quello dei neutrini o, nel caso del ^{210}Po—Polonio-210—, alle particelle alfa, che sono nuclei di elio.

Nella Figura a, la distribuzione energetica dei neutrini prodotti dalla reazione con il Berillio-7 è rappresentata dalla curva blu, mentre la forma per le particelle alfa (nuclei di elio) emesse dal Polonio-210 è mostrata in verde. La Figura b mostra i dati sperimentali effettivamente osservati: nell'intervallo energetico di 300–600 keV, la linea nera rappresenta la somma della linea blu (neutrini da berillio) e della linea rossa (emissioni del polonio), distribuzione la cui forma corrisponde teoricamente a quella reale osservata da Borexino.

L'obiettivo dell'analisi è separare i neutrini da Berillio dalla distribuzione complessiva dei dati. Questo compito è reso più complesso da contributi aggiuntivi, come evidenziato nell'Approfondimento A.7.2, del grafico reale. Nonostante queste difficoltà, questa è stata una delle analisi più semplici condotte nell'esperimento Borexino.

Approfondimento A.7.2

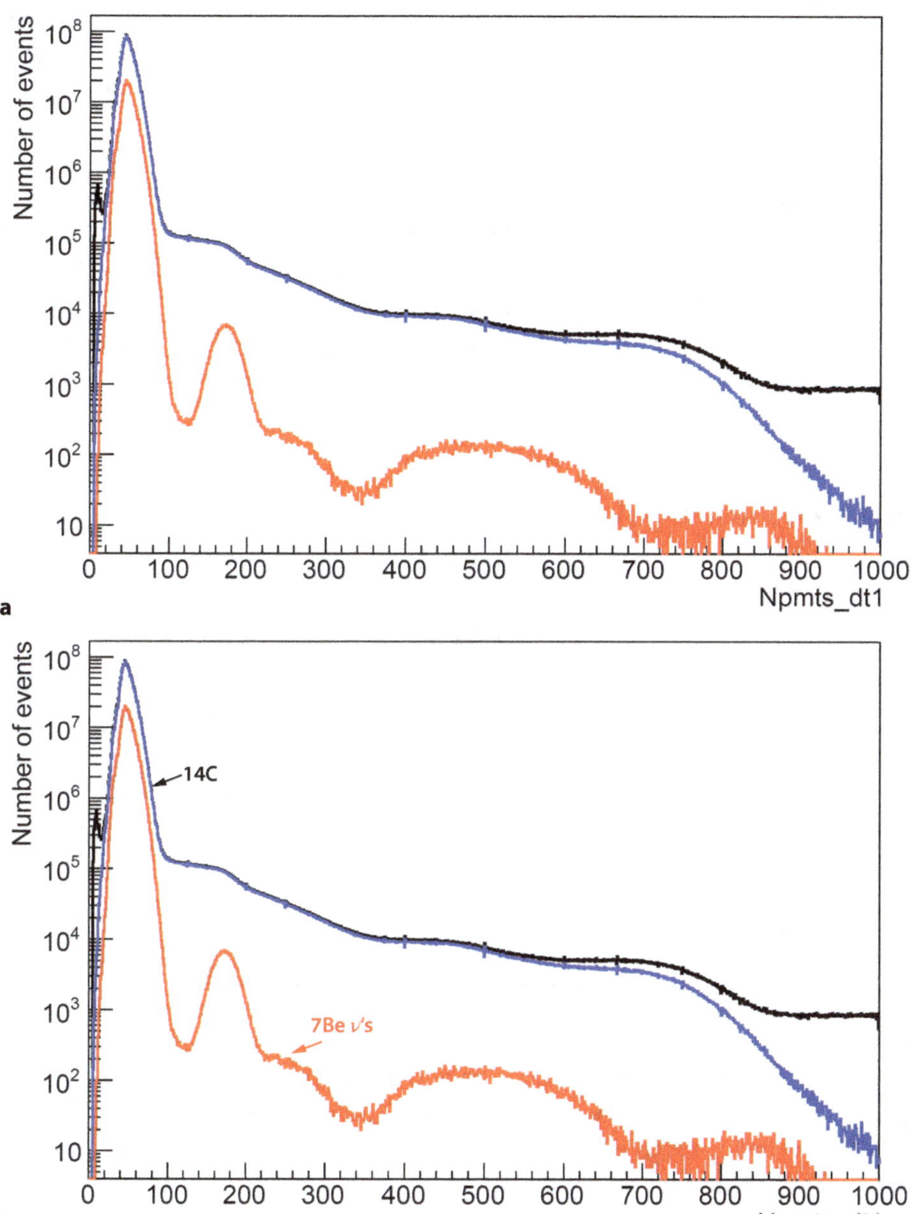

Nella prima figura, tutti i dati raccolti e ricostruiti sono rappresentati dalla linea nera. Da questa, vengono sottratti i segnali provenienti dai fotomoltiplicatori situati nella Water Tank, che segnalano il passaggio di una particella μ non correlata ai neutrini in studio. Dopo questa sottrazione, tutti i segnali falsi di origine esterna vengono rimossi, lasciando come risultato finale la linea rossa.

Nella seconda figura, sono mostrate le stesse distribuzioni di energia della prima, con l'indicazione di alcuni picchi o rigonfiamenti. Nella parte rossa si osservano le energie corrispondenti al Polonio-210 e al Berillio-7. Queste si allineano con la figura b dell'Approfondimento A.7.1, ma altre differenze sono attribuite alla presenza di segnali provenienti da altri contaminanti, tra cui il Carbonio-14. Pertanto, i neutrini da Berillio-7 devono essere estratti esclusivamente dal rigonfiamento segnato in rosso con la freccia etichettata "7Be".

Approfondimento A.7.3

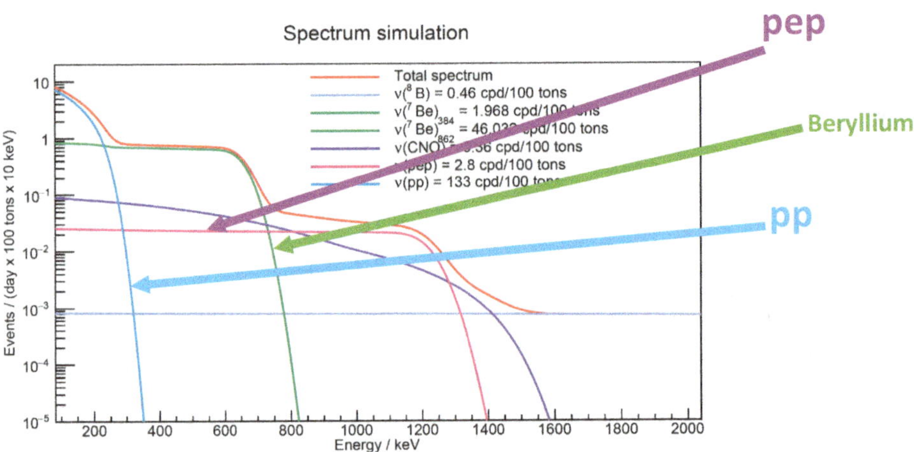

Simulazione dello spettro reale. La linea rossa rappresenta lo spettro totale; le linee azzurra, verde e viola corrispondono rispettivamente agli spettri energetici dei neutrini provenienti da pp, Berillio-7 e pep. La linea blu verrà discussa nei capitoli seguenti.

Approfondimento A.7.4

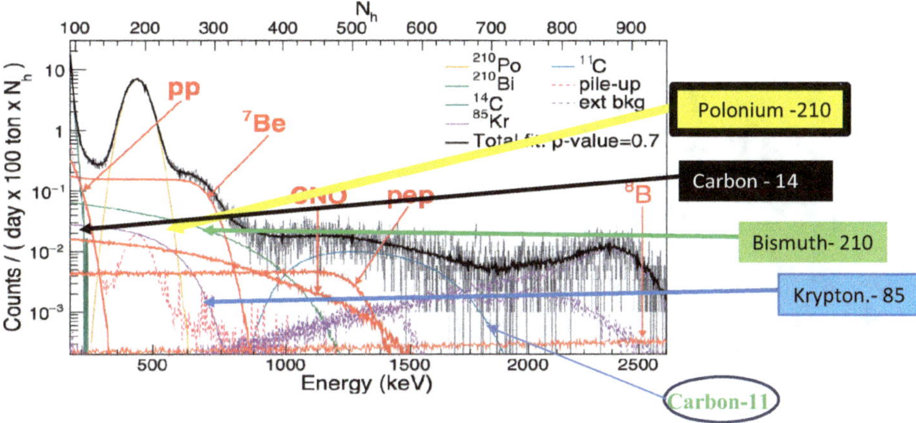

Un grafico reale completo con i segnali dei neutrini dalle reazioni solari e i residui dei contaminanti. Questo è il grafico che il lavoro di analisi è riuscito a ricostruire utilizzando un algoritmo complesso, capace di ricostruire l'intero spettro a partire dalla forma generale, rappresentata qui dalla linea nera, e dalla conoscenza delle forme dei segnali dei neutrini corrispondenti a tutte le possibili reazioni di fusione e ai contaminanti. Questo risultato è il frutto di molti anni di lavoro: circa sette anni di acquisizione dati, ricostruzione dell'energia e del punto spaziale in cui è avvenuta l'interazione e, infine, di interpretazione (inserito negli articoli: *Nature*, vol. 562, 25 ottobre 2018, 505, e in *Annu. Rev. Nucl. Part. Sci.* 74:369–88, 2024).

8

Stabilità del Sole e orbita terrestre
Com'è cambiato il Sole negli ultimi 100 mila anni; neutrini e orbita terrestre

Lo studio dei neutrini solari ha permesso di confermare la stabilità del Sole su una scala temporale di circa 100.000 anni. Inoltre, la loro rilevazione nel corso dei mesi dell'anno ha reso possibile la ricostruzione dell'orbita terrestre.

8.1 Stabilità del Sole

La luminosità del Sole, ovvero la quantità di energia luminosa solare che raggiunge la Terra per unità di tempo, è generalmente determinata misurando i fotoni di luce che arrivano sulla Terra. Con lo studio dei neutrini solari è possibile confrontare i due metodi di misurazione della luminosità solare: attraverso i fotoni e attraverso i neutrini, ricordando che le reazioni di fusione della catena pp producono il 99% di tutta l'energia solare. Dai flussi di neutrini, possiamo dedurre la frequenza della catena pp avente luogo nel Sole, che ogni volta rilascia 26,73 MeV di energia, trasformata in fotoni di energia inferiore (principalmente luce visibile) man mano che si propaga verso l'esterno del Sole attraverso un processo di diffusione, assorbimento e conversione termica.

Dal confronto tra le luminosità misurate tramite fotoni e tramite neutrini, si osserva che le due misurazioni sono in accordo, indicando che il Sole è stato stabile su una scala temporale di circa 100.000 anni. Infatti, mentre i neutrini impiegano solo pochi secondi a uscire dal Sole e circa 8 minuti per raggiungere la Terra, i fotoni impiegano in media 100.000 anni, poiché seguono un percorso casuale (Fig. 8.1), venendo deviati in tutte le direzioni e subendo ripetuti processi di assorbimento e riemissione. Questo significa che la luce solare che

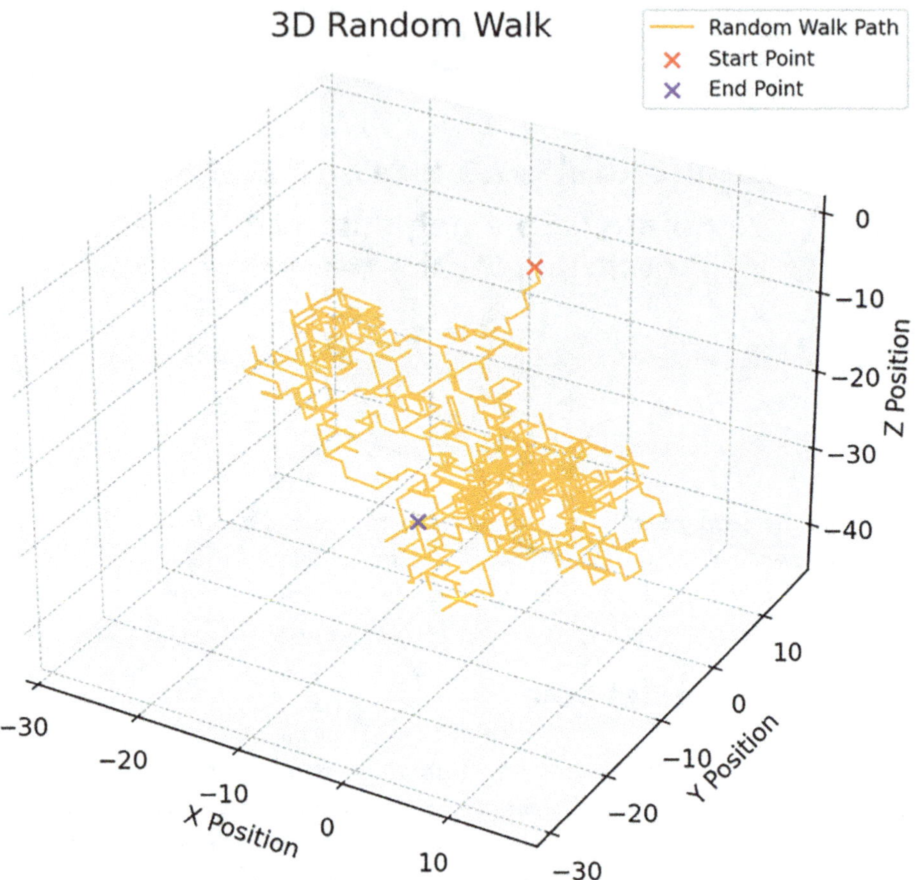

Figura 8.1 Un cammino casuale

ci illumina oggi è stata generata in media 100.000 anni fa ed è la stessa che viene prodotta in questo stesso istante.

Sebbene si possa notare che un periodo di 100.000 anni sia trascurabile rispetto alla durata di vita di una stella, che supera i miliardi di anni, è straordinario poter confermare direttamente questa stabilità.

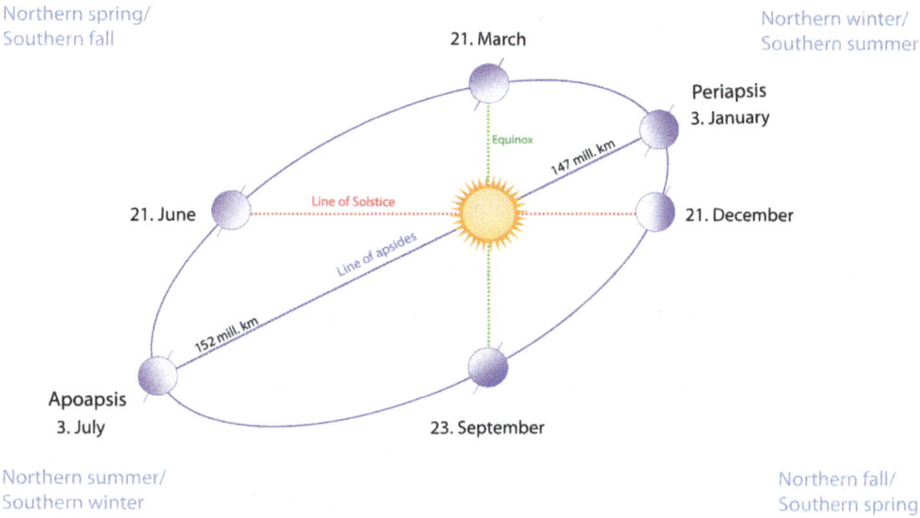

Figura 8.2 Orbita della Terra. (Fonte: Isadora Ibiza—File: Earth poster.svg, Wikipedia)

8.2   Calcolo dell'orbita terrestre tramite i neutrini solari

La forma delle distribuzioni di energia dei neutrini, che coincide con quella prevista dalle reazioni nucleari dei quattro processi di fusione che emettono neutrini, fornisce una solida prova della loro origine solare. Tuttavia, esiste un modo ancora più diretto per dimostrare che i neutrini osservati provengono dal Sole: sfruttare l'eccentricità dell'orbita terrestre, che è un'ellisse con il Sole in uno dei suoi fuochi.

Quando la Terra è più vicina al Sole, il flusso di neutrini catturato dalla Terra è maggiore rispetto a quando essa si trova più lontana (Fig. 8.2). Di conseguenza, nel corso di un anno solare, si osserva una variazione nel flusso di neutrini solari, che raggiunge un massimo quando la distanza è minima (in inverno) e un minimo quando la distanza è massima (in estate).

Questo risultato è in eccellente accordo con le previsioni teoriche del fenomeno. Abbiamo quindi dimostrato direttamente l'origine solare dei neutrini osservati. Inoltre, la misurazione di questa modulazione del flusso di neutrini solari ha permesso di ricostruire l'orbita terrestre determinando la distanza Terra-Sole mese per mese, ottenendo così la ricostruzione più precisa dell'orbita terrestre mai realizzata utilizzando i neutrini. (Vedi anche Approfondimento A.8.1)

Approfondimento A.8.1

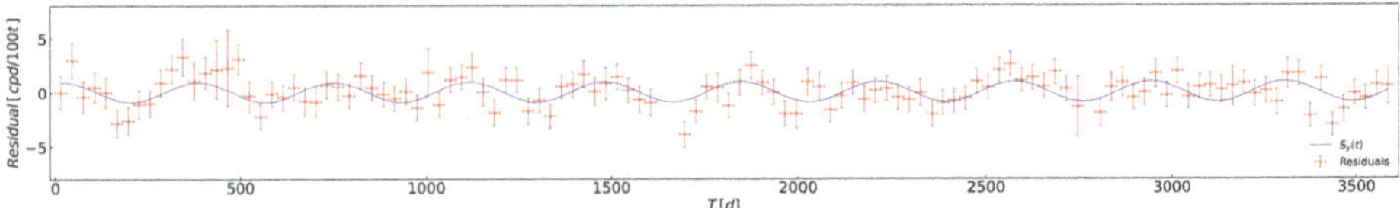

Variazione del flusso di neutrini solari rispetto alla media del loro flusso raccolto in 10 anni. L'asse orizzontale rappresenta il tempo in unità di mesi, mentre l'asse verticale mostra la differenza mese per mese della misurazione rispetto alla media del flusso. I dati sperimentali sono in rosso, con l'incertezza della misurazione rappresentata dalle barre verticali; la linea blu rappresenta il risultato del miglior fit, ovvero la ricerca della linea che meglio rappresenta i dati sperimentali, ottenuta al computer tramite un algoritmo.

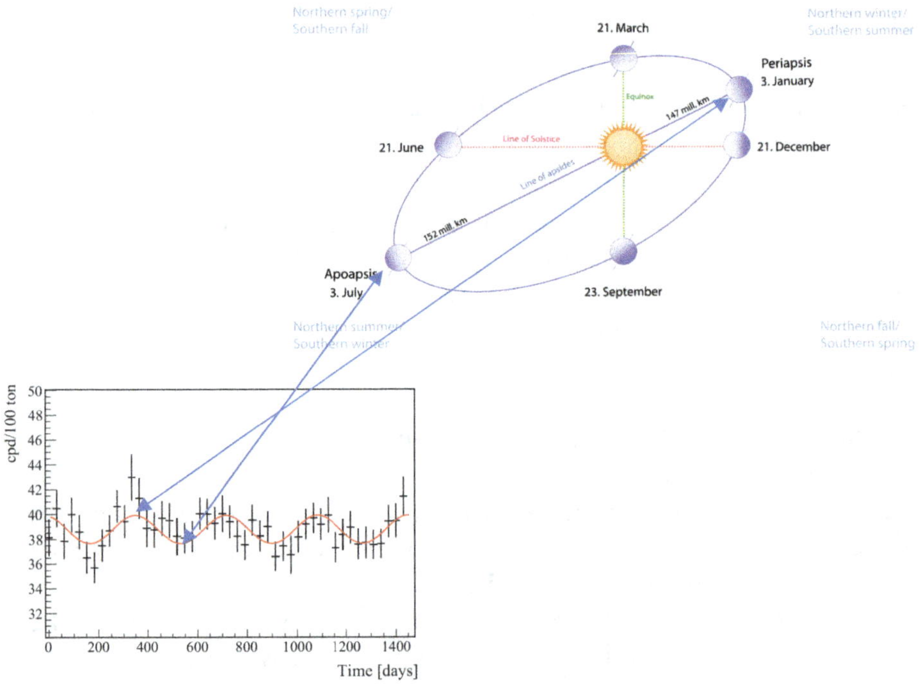

Corrispondenza tra il flusso di neutrini e la posizione della Terra.

9

E le stelle?
Stelle massive, equilibrio secolare, ciclo CNO, metallicità del Sole

Dopo aver studiato il meccanismo che alimenta il Sole, ci siamo occupati di quello che opera nelle stelle. Nelle stelle di dimensioni uguali o inferiori a quelle del Sole, il meccanismo rimane la catena pp. Tuttavia, nelle stelle massive, con una massa almeno del 30% superiore a quella del Sole, il meccanismo è diverso ed è noto come ciclo CNO. L'opportunità di studiare questo ciclo deriva dal fatto che lo stesso processo avviene anche nel Sole, sebbene contribuisca solo per circa l'1%.

Ricostruire l'energia dei neutrini provenienti dal ciclo CNO è una sfida, a causa del flusso ridotto e della sovrapposizione, nella stessa finestra energetica, tra i neutrini del ciclo CNO e la radiazione del contaminante Bismuto-210. Inoltre, le distribuzioni energetiche di questi due contributi hanno una forma molto simile. Per risolvere questo problema, il flusso di Bismuto-210 è stato misurato utilizzando il Polonio-210, presente nello scintillatore e in equilibrio secolare con esso. È stato inoltre necessario stabilizzare la temperatura del rivelatore per evitare in esso movimenti convettivi.

Infine, siamo riusciti a misurare il flusso di neutrini del ciclo CNO, confermandone l'esistenza con una scoperta attesa da novant'anni.

9.1   Un quarto neutrino?

Un membro della collaborazione, Marco Pallavicini, sosteneva la possibilità di misurare il possibile, sebbene improbabile, quarto neutrino utilizzando il rivelatore Borexino, la cui esistenza non era mai stata dimostrata. Questo progetto avrebbe richiesto una grande sorgente radioattiva di neutrini posizionata appena sotto il rivelatore. Non ero molto convinto di questa idea, poiché

© The Author(s), under exclusive license to Springer Nature Switzerland AG 2025
G. Bellini, *Come e perché il sole e le stelle brillano*,
https://doi.org/10.1007/978-3-031-98858-5_9

avrebbe reso impossibile la misurazione del ciclo CNO, tenuto conto della diminuzione dei fotomoltiplicatori funzionanti, causa la loro vita media e anche la sigillatura in resina, e la continua pressione degli ambientalisti presso le autorità della Regione Abruzzo per farci chiudere.

L'ipotesi di un quarto neutrino era stata avanzata per simmetria con altre particelle che condividevano alcune caratteristiche simili. Fu chiamato "sterile" perché non interagiva con la materia che attraversava. A quel tempo, un esperimento russo aveva già cercato senza successo prove della sua esistenza.

La proposta di Marco Pallavicini prevedeva l'uso di una sorgente molto potente che avrebbe emesso quasi esclusivamente neutrini. Le altre radiazioni emesse dalla sorgente sarebbero state assorbite da un contenitore immerso in un calorimetro, il quale avrebbe misurato il calore emesso dai decadimenti radioattivi della sorgente. Pallavicini riuscì a ottenere un finanziamento dall'Unione Europea e avviò una collaborazione con un gruppo francese di Saclay e un gruppo russo incaricato di fornire la sorgente, arricchendola in un reattore nucleare. Inutile dire che fummo criticati dagli ambientalisti, che sostenevano che la sorgente fosse molto pericolosa e ne chiedevano la proibizione.

Cercai di posticipare questa misura a favore di quella del ciclo CNO che ritenevo molto importante rispetto alla ricerca del neutrino sterile, la cui esistenza consideravo piuttosto aleatoria. Tuttavia, trovai poco sostegno nella collaborazione, ad eccezione di alcune persone contrarie al progetto, come Frank Calaprice, che dichiarò di non volerci partecipare, e in particolare un giovane ricercatore del Gran Sasso, Nicola Rossi. Quest'ultimo continuò a lavorare all'analisi del ciclo CNO con i dati già raccolti in precedenza, nonostante le critiche di altri membri del gruppo di analisi, convinti, come gran parte della collaborazione, che non saremmo mai riusciti a misurare il CNO. Ricordo di aver ricevuto un'email da un collaboratore tedesco che mi accusava di far perdere tempo alle persone insistendo su una misura irrealizzabile. Risposi che la consideravo possibile e gli ricordai che l'intero progetto Borexino e le sue misure erano stati sempre accolti con scetticismo, puntualmente smentito dai fatti.

Il progetto di Pallavicini stava procedendo bene per i gruppi italiani e francesi, entrambi impegnati nella costruzione del calorimetro. Uno di questi fu testato in una fossa preesistente al progetto Borexino, nella posizione prevista per la misura del neutrino sterile. Tuttavia, il gruppo russo, responsabile della preparazione della sorgente ad alta intensità, dichiarò dopo alcuni tentativi che la tecnica a loro disposizione non aveva permesso di ottenere la sorgente. Di conseguenza, il progetto di ricerca del quarto neutrino fu abbandonato.

A quel punto la ricerca del ciclo CNO riprese, e diversi membri della collaborazione, inizialmente scettici sulla fattibilità di tale misura o che l'avevano addirittura dichiarata impossibile, iniziarono a lavorarci, spinti dal mio costante incoraggiamento.

9.2   Come si possono studiare le stelle?

La temperatura raggiunta dalla catena pp nel Sole è di circa 15 milioni di gradi. Questa temperatura genera una pressione che controbilancia la forza gravitazionale, che altrimenti porterebbe le masse solari a collassare su se stesse, impedendo così l'implosione del Sole. Questo processo avviene nelle stelle di dimensioni uguali o inferiori a quelle del Sole. Tuttavia, per le stelle massive, con una massa almeno del 30% superiore a quella del Sole, la temperatura raggiunta dalla catena pp non è sufficiente a impedire l'implosione, poiché l'attrazione gravitazionale tra le masse cresce con l'aumento della massa.

Negli anni '30 del secolo scorso, Hans Bethe, insieme a Carl F. von Weizsäcker, ipotizzò che nelle stelle massicce dominasse un ciclo di fusione nucleare, ancora basato sulla combustione dell'idrogeno come la catena pp, ma catalizzato da carbonio, ossigeno e azoto. Questo processo è noto come ciclo CNO (i catalizzatori non partecipano direttamente alla reazione, ma la influenzano facilitandola, accelerandola e potenziandola). Questo ciclo genera temperature circa dieci volte superiori a quelle della catena pp, raggiungendo circa 150 milioni di gradi, una temperatura sufficiente a contrastare la forza gravitazionale nelle stelle massive e a impedirne l'implosione.

Ma come si può dimostrare in modo definitivo l'esistenza di questo ciclo? Osservare i neutrini provenienti da stelle lontane è impraticabile, poiché l'enorme distanza dalla Terra riduce il nostro pianeta a un punto infinitesimo rispetto ai neutrini stellari che dovrebbero investirla. Solo in casi eccezionali, come l'esplosione di una supernova, è possibile osservare sulla Terra neutrini provenienti dalle stelle; queste esplosioni rilasciano un'enorme quantità di energia, emettendo un enorme quantità di neutrini in pochissimo tempo, e se la supernova non è troppo lontana, un'ondata di neutrini, che dura pochi secondi, può investire la Terra.

Ma il Sole è venuto il nostro soccorso: il modello solare standard prevede che l'1% dell'energia del Sole derivi dal ciclo CNO, mentre il restante 99% è prodotto dalla catena pp. Il nostro compito era quindi di misurare i neutrini emessi dal ciclo CNO nel Sole. Lo studio di questo ciclo ha richiesto un grande sforzo, durato quattro anni. La difficoltà principale era dovuta al flusso estremamente ridotto di neutrini prodotti da questo ciclo nel Sole, complicato ulteriormente dalla presenza di isotopi radioattivi residui nello scintillatore.

Nella finestra energetica nella quale si collocano i neutrini del ciclo CNO, si sovrappongono tre diverse distribuzioni di energia che rendono difficile l'identificazione: i segnali provenienti dalla reazione pep, dal ciclo CNO e dall'isotopo Bismuto-210. Il segnale pep non ha rappresentato un problema,

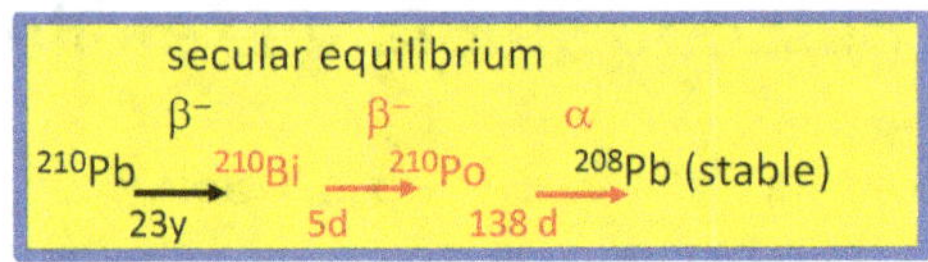

Figura 9.1 Questa sequenza fa parte della famiglia della radioattività naturale il cui progenitore è l'Uranio-238. Tutti questi nuclidi, essendo in equilibrio secolare, presentano lo stesso tasso di emissione di radiazione durante il loro decadimento, ovvero la loro trasformazione nel nuclide successivo. Sopra i simboli dei nuclidi sono indicati i tipi di radiazione emessi durante il decadimento: β⁻ rappresenta un elettrone negativo, mentre α rappresenta un nucleo di Elio composto da due protoni e due neutroni. Sotto i simboli sono indicati i tempi medi necessari per il loro decadimento, ovvero la loro trasformazione nel nuclide successivo

poiché era già stato misurato e le previsioni del Modello Solare Standard per esso sono altamente affidabili. La difficoltà è sorta invece con il CNO e il Bismuto-210, poiché le loro distribuzioni energetiche sono quasi sovrapposte e molto simili. Tentare di separare i loro contributi tramite un algoritmo informatico (best fit) restituiva solo il loro totale combinato. Per questo motivo, è stato necessario misurare in modo indipendente il tasso di interazione dei neutrini dovuto al Bismuto-210. Questo è stato possibile grazie alla presenza, nello scintillatore, di residui di un altro isotopo, il Polonio-210 strettamente collegato al Bismuto. (Per capire di più, vedi Approfondimento A.9.1)

Nella famiglia della radioattività naturale derivante dall'Uranio-238, questi due isotopi vengono prodotti dal Piombo-210. In questa famiglia si stabilisce un equilibrio secolare, che garantisce che tutti gli isotopi abbiano la stessa attività: un isotopo figlio può decadere solo dopo il decadimento del suo isotopo padre. Di conseguenza, il Polonio-210, figlio del Bismuto-210, condivide la stessa attività e la stessa frequenza di decadimento del suo precursore (Fig. 9.1). Per determinare l'attività del Bismuto-210, è stato quindi sufficiente misurare le emissioni del Polonio-210. Tuttavia, si sono presentate due complicazioni. La prima è che nello scintillatore era presente anche Polonio non in equilibrio secolare, introdotto durante il riempimento e accumulatosi lungo le linee di trasporto. La seconda è che i moti convettivi all'interno dello scintillatore, causati da disomogeneità di temperatura, trasportavano i residui di Piombo-210 (che produce Bismuto-210 e successivamente Polonio-210), presenti nel particolato e nella polvere residua sulla superficie interna della Inner Vessel, verso lo scintillatore.

Per il Polonio non in equilibrio secolare, è stato necessario attendere un tempo sufficiente affinché si trasformasse in Pb-208, che è stabile. In questo modo, è rimasto nello scintillatore solo il Po-210 prodotto continuamente

Figura 9.2 Il serbatoio esterno, la Water Tank, di Borexino è rivestito con materiale isolante

nella sequenza a partire dal Pb-210, e quindi con un tasso di decadimento costante.

Per sopprimere i moti convettivi, è stato necessario stabilizzare la temperatura del rivelatore, un problema complesso poiché il rivelatore era situato in un'ampia sala che riceveva aria dall'esterno, rendendo impossibile una stabilizzazione precisa. Abbiamo quindi deciso di isolare termicamente l'intero rivelatore con un materiale isolante (Fig. 9.2). Dopo l'applicazione dell'isolante, è stato necessario attendere un certo periodo affinché la temperatura si stabilizzasse, monitorandola con numerose sonde installate all'interno e all'esterno del serbatoio d'acqua (Fig. 9.3). L'operazione è stata piuttosto complessa poiché l'intera Water Tank, incluse le canne d'organo, doveva essere ricoperta con l'isolante. Tuttavia, lo sforzo è stato ripagato con un livello di stabilizzazione di 0,07 gradi.

Infine, siamo riusciti a misurare il tasso di eventi di Polonio-210 e, grazie all'equilibrio secolare, il tasso di Bismuto-210. Conoscendo il tasso di quest'ultimo, è stato relativamente semplice estrarre con alta affidabilità il segnale CNO utilizzando algoritmi computazionali.

Borexino e tutti noi avevamo vinto la sfida: avevamo dimostrato, per la prima volta, l'esistenza del ciclo CNO, che domina nelle stelle massive.

Poco dopo l'inizio della misura del CNO, il coordinamento dell'analisi si alternò tra Gemma Testera e Barbara Caccianiga con Livia Ludhova. Il coordinamento di Barbara e Livia fu fondamentale per il raggiungimento dell'obiettivo della misura del CNO.

Inoltre, vi fu un notevole aumento del numero di membri della collaborazione, con l'ingresso di molti giovani ricercatori. L'analisi del ciclo CNO fu condotta principalmente da gruppi italiani, insieme a un team costituito

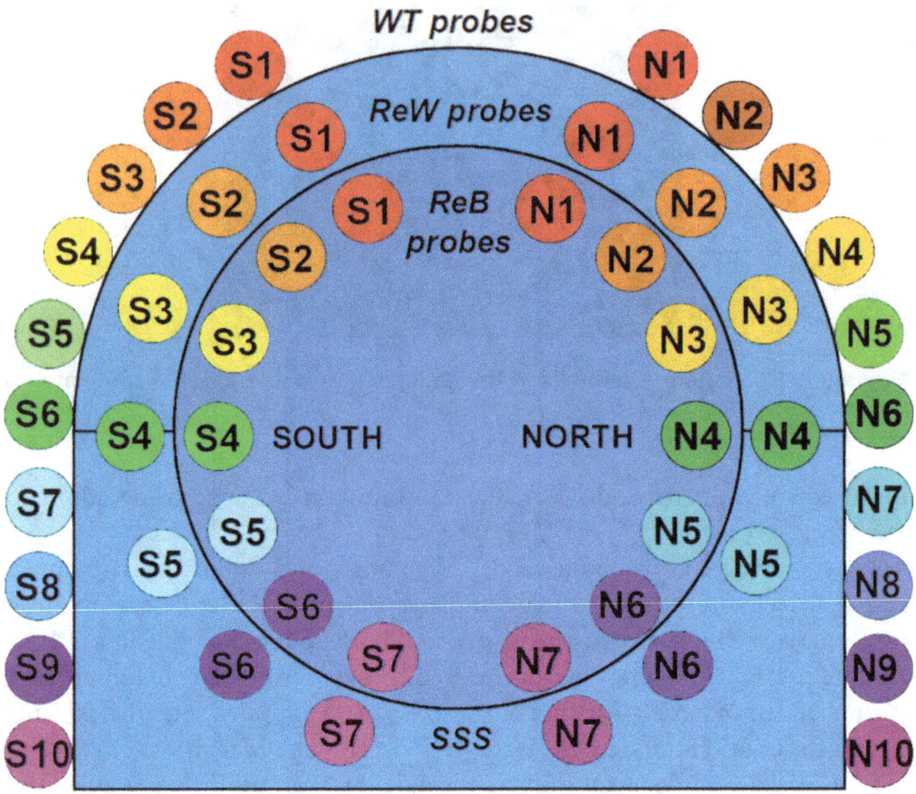

Figura 9.3 Posizionamento delle varie sonde di temperatura installate all'interno della Water Tank

da Livia Ludhova, che nel frattempo si era trasferita a Jülich, in Germania. A questo sforzo contribuirono anche fisici dei gruppi di Cracovia e Dubna, oltre a dottorandi del Gran Sasso Science Institute, guidati da Francesco Vissani, uno strenuo sostenitore di Borexino. Inoltre, membri del gruppo di Monaco, trasferitisi in altre istituzioni, continuarono a contribuire all'analisi del CNO. Tra questi, è degno di nota il contributo di J. Martyn dell'Università di Mainz, che sviluppò un metodo per ottenere informazioni sulla direzionalità dei neutrini incidenti anche in un rivelatore a scintillazione come Borexino. Questo metodo rendeva possibile restringere l'analisi a quei neutrini la cui direzionalità rivelava la loro provenienza dal Sole dando la possibilità di scartare eventi spuri; esso si rivelò molto utile nell'analisi del ciclo CNO.

Nuove istituzioni si erano uniti allo sforzo, offrendo supporto finanziario a ricercatori non più finanziati dall'INFN o dal Laboratorio del Gran Sasso, come George Korga e Laszlo Papp. Di conseguenza, il numero di istituti e

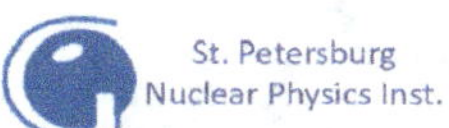

Figura 9.4 La composizione della Collaborazione Borexino durante il periodo dell'analisi del CNO

università coinvolti nella collaborazione aumentò significativamente (Fig. 9.4 e 9.5).

Sebbene l'INFN ci avesse sempre sostenuto, eravamo consapevoli che i costi quotidiani per il mantenimento di tutta la strumentazione, compresi i sistemi ausiliari di Borexino, fossero considerevoli. Per affrontare questo problema, decidemmo di istituire i Common Funds, contributi generali destinati a coprire le spese dell'esperimento. Ogni istituto contribuiva con un importo generalmente stabilito a propria discrezione. Questi fondi ci permisero di gestire le spese correnti, che erano ingenti, e di sostenere operatori che altrimenti non avremmo potuto mantenere.

Questo risultato ha suscitato grande attenzione, poiché era atteso da novant'anni. Lo abbiamo pubblicato su *Nature* nel 2020, che ha dedicato la copertina del numero contenente l'articolo a questo risultato. *Physics World* dell'Istituto di Fisica britannico (IOP) lo ha riconosciuto come una delle dieci più importanti scoperte scientifiche del 2020 (Fig. 9.6).

Figura 9.5 La Collaborazione Borexino nel secondo decennio degli anni 2000. La struttura sullo sfondo è il supporto per i fotomoltiplicatori del CTF, che è stata conservata dal laboratorio e installata all'aperto

Figura 9.6 La rivista Physics Word ha nominato il risultato del CNO fra 10 migliori risultati mondiali del 2020

9.3 La metallicità del Sole

I dati ottenuti da Borexino sul Sole hanno fornito ulteriori informazioni sulla sua struttura, in particolare riguardo la sua metallicità. La metallicità si riferisce alla presenza, nel Sole, di elementi con numero atomico superiore a quello dell'idrogeno, che ha il numero atomico più basso nella tavola periodica degli elementi chimici. Essa viene espressa dal rapporto Z/X, dove Z rappresenta gli elementi con numero atomico maggiore di 2 e X rappresenta l'idrogeno. La metallicità del Sole viene determinata tramite misure spettroscopiche della sua fotosfera. Queste misurazioni identificano la luce emessa dagli atomi, le cui frequenze costituiscono delle "impronte digitali" uniche per ciascun elemento chimico che emette luce con queste frequenze.

Per stimare la metallicità dell'atmosfera solare, gli scienziati estrapolano le misure della fotosfera utilizzando vari modelli. Alcuni di questi modelli forniscono un rapporto Z/X pari a 0,023, indicato come *Alta Metallicità*, mentre altri danno un valore di 0,020, definito *Bassa Metallicità*.

Esistono due principali metodi per valutare quale dei due valori di metallicità sia più realistico: l'eliosismologia e le misure del flusso di neutrini solari (ricordo quanto detto in precedenza che l'eliosismologia è lo studio dei moti che avvengono alla superficie del Sole dovuti alla propagazione di onde di pressione).

L'eliosismologia mostra un allineamento molto forte con i modelli con alta metallicità. Per quanto riguarda i flussi di neutrini, il Modello Solare Standard prevede valori significativamente diversi per i flussi principali, come quello del Boro-8 e del ciclo CNO, a seconda della metallicità assunta. Sebbene le evidenze sostengano fortemente l'ipotesi dell'alta metallicità, esse non sono ancora del tutto conclusive. Tuttavia, i dati indicano costantemente una preferenza per lo scenario ad alta metallicità.

Il dibattito sulla metallicità solare è stato una grande sfida per il Modello Solare Standard per oltre 50 anni. I contributi di Borexino sono stati cruciali per avvicinarci alla risoluzione di questo annoso enigma.

Approfondimento A.9.1

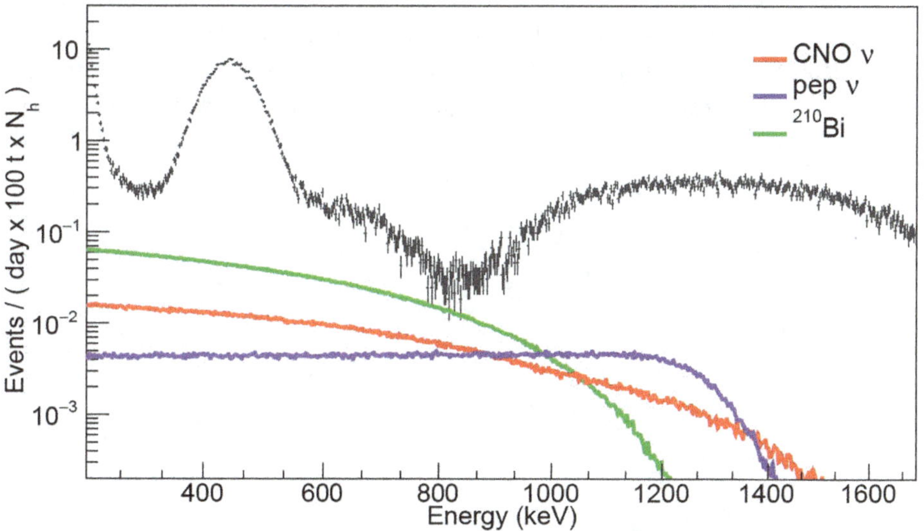

Il grafico mostra la distribuzione delle energie dei neutrini provenienti dalla reazione pep (blu), dal ciclo CNO (rosso) e dal Bismuto-210 (verde). La linea nera frastagliata corrisponde a tutti i dati di Borexino così come appaiono quando vengono raccolti, selezionati e processati.

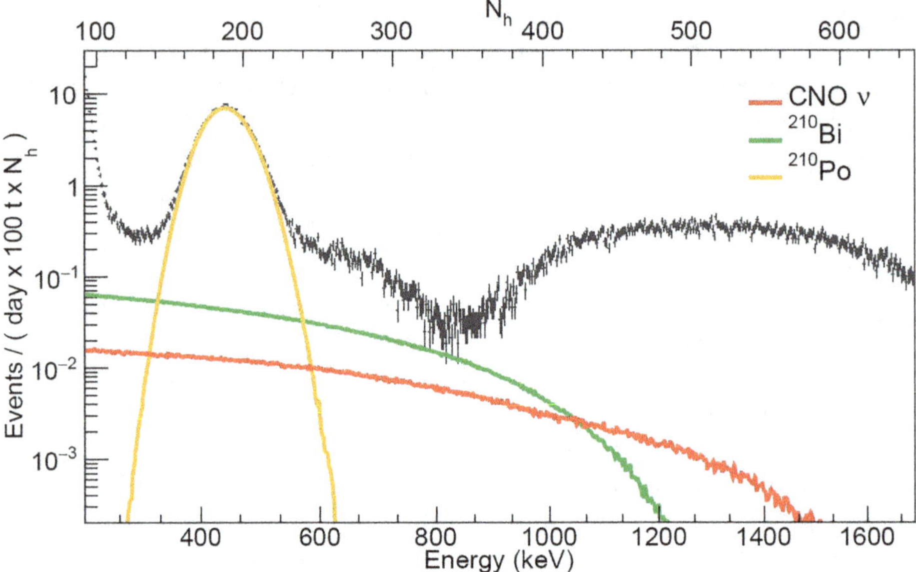

Lo stesso grafico con l'inclusione del Polonio-210. Come spiegato nel testo, la forma e la posizione energetica corrispondenti ai neutrini del ciclo CNO e del Bismuto-210 non consentono di estrarre i dati del CNO direttamente tramite software. Tuttavia, misurando il contributo del Polonio-210, che è in equilibrio secolare con il Bismuto-210, è possibile calcolare indipendentemente il contributo di quest'ultimo permettendo così l'estrazione della componente CNO.

10

Corollari
Oscillazione del neutrino, geoneutrini, radioattività nel mantello terrestre

La misura delle reazioni della catena pp ha notevolmente migliorato lo studio della probabilità di sopravvivenza del neutrino elettronico, ovvero la probabilità che questo neutrino non si trasformi negli altri due "fratelli". Borexino ha inoltre studiato i geo-neutrini, neutrini originati dall'interno della Terra, che forniscono informazioni sulla presenza di nuclidi radioattivi nel mantello terrestre.

10.1   Oscillazione dei Neutrini

Come spiegato nel Capitolo 3 riguardo ai neutrini, essi manifestano il fenomeno dell'oscillazione. Durante il loro viaggio, un neutrino può cambiare la propria "identità", trasformandosi in uno dei suoi due "fratelli". Ad esempio, un neutrino solare, inizialmente un neutrino elettronico, può trasformarsi in un neutrino muonico o in un neutrino tauonico durante il suo viaggio di otto minuti dal Sole alla Terra.

Questa oscillazione dipende dall'energia del neutrino e, di conseguenza, la probabilità di sopravvivenza del neutrino elettronico—ossia la probabilità che la sua individualità rimanga invariata—varia in base all'energia.

Prima di Borexino, queste probabilità erano conosciute solo approssimativamente, poiché nessun esperimento era riuscito a misurare singolarmente i flussi delle diverse reazioni di fusione nucleare che avvengono nel Sole, fatta eccezione per l'oscillazione nella materia, misurata con buona precisione, attraverso la reazione che coinvolge il Boro-8, dall'esperimento Superkamiokande.

G. Bellini, *Come e perché il sole e le stelle brillano,*
https://doi.org/10.1007/978-3-031-98858-5_10

Borexino è riuscito a misurare i flussi delle diverse reazioni di fusione su un ampio intervallo di energie, coprendo sia il regime di oscillazione nel vuoto sia il regime di oscillazione nella materia. L'oscillazione nel vuoto riguarda il cambiamento dei neutrini mentre viaggiano dal Sole alla Terra in assenza di materia, mentre l'oscillazione nella materia avviene quando i neutrini attraversano regioni influenzate dalla presenza di materia. A energie molto basse, l'effetto della materia diventa comunque trascurabile.

Questo risultato è particolarmente significativo perché Borexino è stato il primo esperimento a misurare la probabilità di sopravvivenza del neutrino elettronico sia nel regime di vuoto sia in quello della materia. Misurare entrambi i regimi con lo stesso esperimento garantisce coerenza ed elimina eventuali problemi legati alle differenze tra rivelatori. Questo approccio unificato rappresenta la prima volta in cui un singolo esperimento ha effettuato una misurazione così completa e affidabile.

Non dirò qui niente di più sul fenomeno dell'oscillazione dei neutrini perché necessita una buona conoscenza della fisica del neutrino e non può essere affrontato con lo stile divulgativo di questo libro.

10.2   Geoneutrini

Questa sezione si discosta dal tema principale di questo libro, che si è concentrato sui meccanismi che fanno brillare il Sole e le stelle. Tuttavia, condivide un filo conduttore comune: la straordinaria capacità dei neutrini di fungere da potenti sonde, fornendo informazioni su regioni altrimenti inaccessibili. In questo caso, l'attenzione si sposta verso l'interno della Terra. Se fino ad ora il nostro interesse si è concentrato sul Sole e sulle stelle, qui ci rivolgiamo allo studio di un pianeta del Sistema Solare: la Terra. In particolare, esploriamo i geoneutrini, che sono antineutrini—le antiparticelle dei neutrini—originati all'interno della Terra. Queste particelle vengono prodotte dal decadimento di isotopi radioattivi presenti nella crosta e nel mantello terrestre.

L'uso delle particelle elementari per scopi geofisici sta avanzando rapidamente. Ad esempio, i muoni—particelle già discusse nei capitoli precedenti—sono oggi impiegati per studiare l'attività vulcanica e valutare la probabilità di eruzioni.

Lo studio dei geoneutrini può fornire preziose informazioni sulla presenza di elementi radioattivi nel mantello terrestre e sul loro contributo radiogenico al calore della Terra. La radioattività della crosta terrestre è direttamente misurabile e, quindi, ben conosciuta. Gli isotopi radioattivi presenti nella Terra ap-

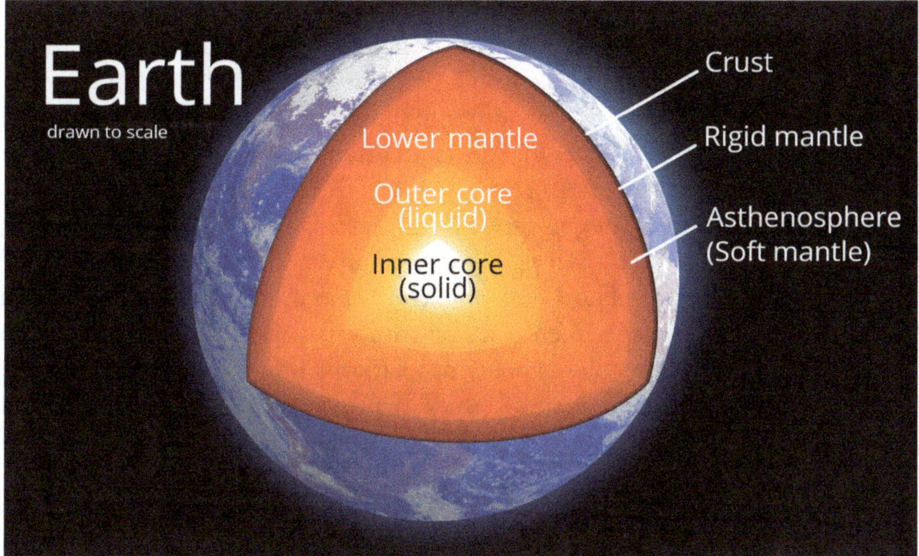

Figura 10.1 Sezione schematica della Terra. La Terra ha una struttura a strati, simile a una cipolla, con un raggio di 6378 km all'equatore. Il suo nucleo centrale include una porzione interna solida (raggio di 1220 km) e una porzione esterna liquida (spessa 2895 km). Attorno al nucleo si trova il mantello viscoso (profondo circa 2000 km), sul quale le placche tettoniche galleggiano e si muovono. Esistono due tipi di crosta: la crosta oceanica (spessa circa 10 km) e la crosta continentale (che varia dai 20 ai 70 km di spessore). (Fonte: By Isadora Ibiza—File: Earth poster.svg—Wikipedia)

partengono principalmente a tre famiglie della radioattività naturale, originate da Uranio-238, da Torio-232 e da Potassio-40.

Il flusso di geoneutrini è molto inferiore a quello dei neutrini solari. In Borexino, vengono osservati solo due geoneutrini ogni tre mesi. Queste particelle possono essere identificate attraverso una reazione indotta dagli antineutrini nello scintillatore, che produce segnali con caratteristiche specifiche che ne facilitano il riconoscimento. Questa reazione può avvenire solo sopra una certa soglia energetica, il che esclude la rivelazione degli antineutrini prodotti dal decadimento del Potassio-40, oltre a una parte di quelli emessi dall'Uranio-238 e dal Torio-232.

Lo studio dei geoneutrini è ulteriormente complicato dalla presenza di contaminanti interni, dovuti alla radioattività nel liquido scintillatore, e dagli antineutrini prodotti dai reattori nucleari. In Borexino, la radioattività interna è trascurabile, e il flusso di antineutrini da reattori è presente ma limitato, grazie al fatto che il Laboratorio del Gran Sasso si trova lontano dalle principali centrali nucleari, situate principalmente in Francia, Svizzera e altri paesi europei. Per stimare il flusso totale di antineutrini provenienti dai reattori abbiamo comunque preso in considerazione tutti i 440 reattori presenti nel mondo. Questi calcoli tengono conto del tipo di combustibile utilizzato, delle variazioni nell'attività dei reattori durante il periodo di raccolta dati e di altri parametri rilevanti. I dati necessari sono stati ottenuti dai database dell'Agenzia Internazionale per l'Energia Atomica (IAEA) e di Electricité de France.

I geoneutrini hanno energie superiori rispetto ai neutrini solari, sebbene i loro intervalli energetici si sovrappongano in parte. Di conseguenza, i requisiti di radiopurezza per i rivelatori di geoneutrini sono meno stringenti rispetto a quelli richiesti per gli esperimenti sui neutrini solari. Borexino è stato l'unico esperimento capace di studiare i neutrini solari, ma non è l'unico esperimento in grado di misurare i geoneutrini. L'esperimento giapponese KamLAND, con un volume del rivelatore tre volte superiore a quello di Borexino, è anch'esso in grado di rilevare geoneutrini; tuttavia incontra interferenze significative dovute a una maggiore contaminazione del liquido scintillatore e alla presenza di numerosi reattori nucleari in Giappone, ad eccezione del periodo successivo all'incidente di Fukushima, quando molti reattori giapponesi furono spenti. KamLAND, come già menzionato, è un esperimento progettato per misurare gli antineutrini da reattore su una lunga distanza (ossia con il rivelatore situato lontano dai reattori che producono gli antineutrini) al fine di studiare i parametri dell'oscillazione dei neutrini. Allo stesso tempo, è riuscito a misurare anche i geoneutrini anche prima di Borexino.

Le distribuzioni energetiche degli antineutrini da reattore e dei geoneutrini si sovrappongono parzialmente, e quindi è necessario separare i contributi delle diverse fonti. Per valutare il flusso di geoneutrini provenienti dal mantello terrestre e stimare la densità relativa dei nuclidi radioattivi, è necessario innanzitutto sottrarre il contributo della crosta. Ciò richiede di distinguere tra i geoneutrini provenienti dalla crosta continentale (dove si trova Borexino) e quelli provenienti dalla crosta oceanica (rilevanti per KamLAND). Questa operazione è tutt'altro che semplice, poiché implica innanzitutto una buona valutazione della radioattività della crosta, che deve tenere conto non solo delle emissioni vicine al luogo nel quale è collocato il rivelatore, ma anche di quelle provenienti dalla crosta più lontana. Una volta effettuata la sottrazione tra il numero totale di geoneutrini misurati e quelli attribuibili alla crosta, è necessario interpretare il valore ottenuto per la radioattività del mantello. Anche questa operazione è complessa, poiché il risultato varia a seconda che si considerino i nuclidi radioattivi distribuiti in modo omogeneo all'interno del mantello o concentrati alla sua base, al confine con il nucleo terrestre.

In Borexino, la raccolta dati per i geoneutrini è avvenuta tra dicembre 2007 e aprile 2019, per un totale di 3263 giorni. Dopo tutte le selezioni necessarie, il numero totale di geoneutrini rilevati è stato di 154. Senza entrare nelle valutazioni basate sui modelli, possiamo riportare qui il risultato relativo alla percentuale del calore terrestre attribuibile agli elementi radioattivi presenti all'interno del pianeta. Vale la pena ricordare che il calore terrestre si riferisce all'energia termica che la Terra dissipa continuamente nello spazio circostante. La stima di Borexino per il calore radiogenico è piuttosto elevata, pari a 38 Terawatt (TW), ovvero 38 miliardi di Watt. Questo valore va confrontato con il calore totale della Terra, stimato tra 44 e 47 TW. Come si può vedere, rappresenta una percentuale molto alta. Se il risultato di Borexino viene combinato con quello dell'esperimento giapponese KamLAND, si ottiene un valore inferiore, pari a 21 TW.

Per ottenere valori più affidabili sulla radioattività interna della Terra, è necessario raccogliere un numero molto maggiore di segnali, il che significa condurre misurazioni su un arco di tempo molto lungo, poiché il numero di neutrini provenienti dall'interno della Terra è relativamente basso.

Per comprendere meglio ciò che Borexino ha ottenuto nella rilevazione dei geoneutrini, si può fare riferimento al grafico riportato nell'Approfondimento A.10.1.

Approfondimento A.10.1

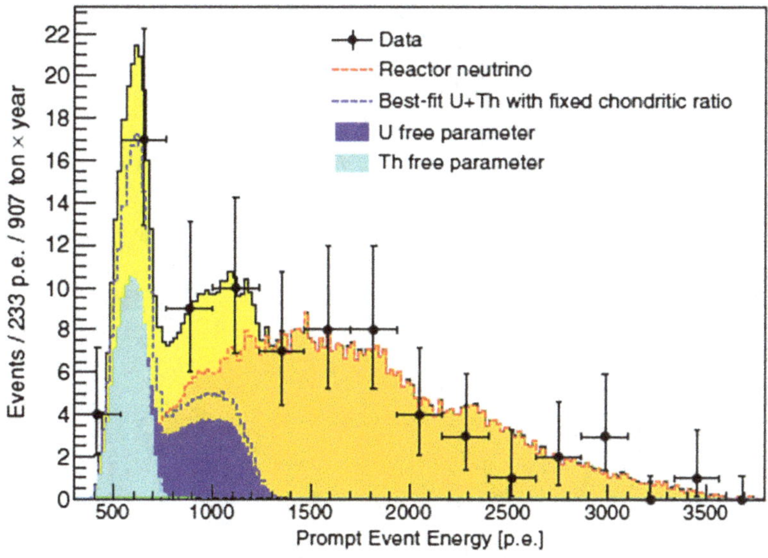

Distribuzione dell'energia dei geoneutrini in Borexino. L'asse orizzontale rappresenta l'energia, mentre l'asse verticale indica la frequenza delle interazioni. I punti neri rappresentano tutti i dati ottenuti, con barre verticali che indicano le incertezze statistiche. La distribuzione color ocra corrisponde agli antineutrini da reattore, mentre la distribuzione gialla rappresenta i geoneutrini. Quest'ultima è ulteriormente suddivisa nella sezione blu, che rappresenta gli antineutrini emessi dal decadimento dei componenti della famiglia dell'Uranio-238, e nella sezione azzurra, che rappresenta gli antineutrini prodotti dal decadimento del Torio-232.

11

Addio Borexino
Chiusura dell'esperimento, riconoscimenti, eredità, sfide

Dopo la chiusura dell'esperimento nell'ottobre 2021, l'analisi dei dati raccolti è continuata. I risultati di Borexino vengono presentati, dietro invito, in tutti i principali congressi. Inoltre Borexino ha ottenuto ulteriori riconoscimenti. L'eredità di questo esperimento è sia tecnologica sia scientifica: gli sviluppi tecnologici sono e saranno utili ad altri esperimenti sui neutrini di bassa energia mentre le scoperte scientifiche sono un importante tassello nello studio del nostro universo. Un'ulteriore eredità riguarda l'accettazione di sfide che sembra quasi impossibile vincere ma che una volta vinte offrono possibilità di importanti nuove scoperte.

11.1 Addio Borexino

Borexino è stato dismesso nell'ottobre 2021. Avremmo potuto proseguire ancora per alcuni mesi per raccogliere ulteriori dati e ridurre ulteriormente l'incertezza nelle misurazioni del CNO, ma la decisione di spegnere l'esperimento è stata infine determinata dalle crescenti pressioni degli attivisti ambientali. Ciononostante, siamo riusciti a raggiungere con successo gli obiettivi principali del programma.

L'analisi dei dati è proseguita per alcuni anni dopo la chiusura e, persino ora, un'analisi finale è in fase di completamento. Anche dopo la chiusura, i risultati di Borexino hanno continuato a suscitare grande interesse, come dimostrano i numerosi inviti a presentarli in conferenze internazionali. Nel 2021, la Società Europea di Fisica ha riconosciuto l'importanza del nostro lavoro assegnando alla collaborazione Borexino il premio biennale Giuseppe e Vanna Cocconi. Inoltre, Frank Calaprice ha ricevuto nel 2023 il Bethe Prize dalla American

G. Bellini, *Come e perché il sole e le stelle brillano*,
https://doi.org/10.1007/978-3-031-98858-5_11

Figura 11.1 Ulteriori premi ricevuti dalla collaborazione Borexino e da fisici che ne hanno fatto parte, tra cui Frank Calaprice, Marcin Wójcik e Livia Ludhova

Physical Society, il gruppo polacco di Borexino è stato insignito nel 2022 di un premio dal Ministero della Scienza e dell'Istruzione Superiore della Polonia, mentre Livia Ludhova è stata premiata nel 2025 con l'Ordine Ľudovít Štúr, 2ª Classe, Sezione Civile, dal Presidente della Repubblica Slovacca (Fig. 11.1).

A nome della collaborazione Borexino, ho scritto una rassegna completa sui successi dell'esperimento in una rivista altamente selettiva e ho avuto l'opportunità di tenere il primo intervento alla conferenza mondiale Neutrino 2024, ancora una volta sui risultati di Borexino.

Si conclude così un'avventura durata una mezza vita.

Borexino non è stato solo un esperimento di grande successo, ma anche una straordinaria avventura umana. Nel corso dei 31 anni dell'esperimento, hanno contribuito numerose persone—fisici, ingegneri e tecnici—alcuni con impegni pluriennali, altri con contributi occasionali. Il numero di fisici, ingegneri e tecnici coinvolti simultaneamente in Borexino non ha mai superato le 100–120 unità in un dato momento. Coloro che hanno iniziato a lavorare con me nel 1990 e sono proseguiti fino al 2021 sono meno di quindici. Purtroppo, in questi 31 anni, 14 collaboratori sono venuti a mancare. D'altro canto, sono nati diversi figli da giovani coppie, in cui uno o entrambi i genitori erano coinvolti nell'esperimento, aggiungendo un tocco umano a questo straordinario viaggio scientifico. Un aspetto particolarmente positivo dell'esperimento è stato il coinvolgimento di numerosi giovani, che si sono uniti progressivamente o hanno sostituito altri nel tempo, anche negli ultimi anni.

L'eredità di Borexino è multiforme. Innanzitutto, le tecniche sviluppate da Borexino per raggiungere un livello senza precedenti di radiopurezza saranno senza dubbio utili per esperimenti che mirano a studiare neutrini a bassa energia, sia ora sia nel prossimo futuro. Questa tecnologia è già utilizzata in altri esperimenti in corso che richiedono bassa radioattività, tra cui Juno in Cina, nonché in esperimenti focalizzati sulla materia oscura e sul decadimento doppio beta senza neutrini. Questa è certamente un'eredità che Borexino lascia ai futuri sforzi sperimentali.

Vi è anche un'eredità scientifica, derivante dalle scoperte che abbiamo fatto relative al Sole, alle stelle, alla fisica dei neutrini—soprattutto il fenomeno dell'oscillazione—e ai geoneutrini. Le scoperte di Borexino abbracciano stelle di tutte le dimensioni: stelle simili o più piccole del Sole sono alimentate dalla catena protone-protone (pp), mentre le stelle massive, almeno il 30% più grandi del Sole, si basano sul ciclo CNO.

Per quanto riguarda le misurazioni dei geoneutrini da parte di Borexino, credo che saranno superate da esperimenti più grandi come SNO+ e Juno. Invece, per i neutrini solari, ottenere risultati simili a quelli descritti in questo libro sarà piuttosto impegnativo a causa del persistente problema della radioattività dei materiali. Ancora oggi, Borexino rimane un rivelatore unico al mondo per la sua radiopurezza e quindi la sua capacità di misurare interazioni di neutrini di bassissima energia.

Vi è un'altra importante eredità di questo esperimento, che risiede nel modo in cui abbiamo proceduto—sfidando lo scetticismo della comunità scientifica che ci circondava, data la difficoltà dell'esperimento. Molti colleghi e amici mi hanno spesso sconsigliato di intraprendere un esperimento di questa difficoltà. Eppure, sono convinto che, senza correre rischi, è impossibile raggiungere obiettivi veramente significativi, e questo è particolarmente vero in fisica, dove i risultati più importanti spesso derivano dall'intraprendere esperimenti molto difficili. Queste considerazioni sono cruciali per i giovani, per i quali il rischio può sembrare ancora maggiore essendo all'inizio della loro carriera. Come ho menzionato in precedenza in questo libro, ho sempre sentito un senso di responsabilità nell'incoraggiare i giovani colleghi a dedicarsi a questo esperimento, spinto dal timore che potesse non riuscire. Ma ho sempre trovato dentro di me la determinazione a proseguire e la fiducia per ispirare i miei colleghi.

Ora che tutto è andato bene e l'esperimento ha superato di gran lunga le aspettative iniziali, mi sento sollevato da quella responsabilità. Vorrei concludere ricordando una citazione di John Bahcall, il padre del modello solare standard, un grande amico e sostenitore di Borexino: "Le scoperte più importanti forniranno risposte a domande che non sappiamo ancora come porre e riguarderanno oggetti che non abbiamo ancora immaginato."

Glossario

Anodo Negli apparecchi elettronici, è un oggetto metallico opportunamente sagomato che rappresenta il polo di carica elettrica positiva, che normalmente ha un potenziale elettrico più elevato.

Best fit, Miglior adattamento Nell'analisi dei dati, in particolare nel contesto di grafici derivati da esperimenti di fisica, il termine si riferisce alla curva che approssima più accuratamente una distribuzione di punti, come quelli risultanti da misurazioni. Può anche riferirsi alla funzione (funzione di best fit-miglior adattamento) che fornisce la migliore approssimazione analitica alla distribuzione.

Camera bianca Le camere bianche sono ambienti controllati con qualità dell'aria regolata. L'aria all'interno è filtrata attraverso filtri in resina capaci di catturare particelle a livello micrometrico, garantendo che sia più pulita dell'aria esterna. Per alcune camere bianche specializzate, anche il gas Radon viene rimosso utilizzando metodi criogenici. La classificazione delle camere bianche si basa sul numero di particelle di dimensioni $\geq 0,5\,\mu m$ (1 micron = 1 milionesimo di metro) presenti. Le classi sono definite come segue: Classe 10, Classe 100, Classe 1000 e Classe 10.000, indicando che il numero di particelle $\geq 0,5\,\mu m$ non deve superare rispettivamente 10, 100, 1000 e 10.000 per piede cubo. L'unità di misura "piede cubo" è utilizzata perché le camere bianche sono state introdotte per la prima volta negli Stati Uniti. Un piede cubo corrisponde a circa 0,03 metri cubi. Il lavoro all'interno delle camere bianche deve essere eseguito con grande attenzione per evitare di contaminare l'aria. In particolare, agli operatori è richiesto di indossare tute specializzate, comprese maschere e copricapi. Una delle principali fonti di contaminazione dell'aria è stata identificata nel respiro umano.

Decadimento Il decadimento radioattivo è la trasformazione di un nuclide in un altro nuclide, che può essere anch'esso radioattivo o stabile. Questo decadimento avviene dopo un determinato tempo, caratteristico per ciascun nuclide.

Effetto Čerenkov È il fenomeno prodotto da una particella elettricamente carica, la cui velocità è una frazione rilevante della velocità della luce, che, mentre attraversa un mezzo, produce fotoni di luce, con una direzione che segue quella della particella incidente.

Effetto Doppler L'effetto Doppler è un fenomeno fisico che consiste nel cambiamento apparente, rispetto al valore originale, della frequenza della luce, percepita da un osservatore raggiunto da un'onda emessa da una sorgente in movimento rispetto all'osservatore. L'effetto Doppler è particolarmente importante nello studio del movimento delle stelle, che, se si allontanano da noi, mostrano uno spostamento della luce verso il rosso dello spettro. Questo effetto è noto come "redshift" (spostamento verso il rosso).

eV (elettronvolt) Unità di misura specializzata che rappresenta l'energia acquisita da un elettrone che si muove in un campo elettrico con una differenza di potenziale di 1 volt. Poiché un eV corrisponde a una quantità di energia molto piccola—$1,6 \times 10^{-19}$ joule—vengono spesso utilizzati multipli come kiloelettronvolt (keV = mille eV), megaelettronvolt (MeV = milione di eV) e gigaelettronvolt (GeV = miliardo di eV). È particolarmente utilizzato in fisica nucleare e subnucleare, specificamente nello studio delle particelle elementari.

Fotomoltiplicatore Un "occhio elettronico" che cattura i fotoni prodotti dallo scintillatore, li converte in elettroni, li moltiplica e poi li trasforma in un segnale elettrico.

Fotone Un quanto di energia trasportato da un'onda elettromagnetica quando fa parte dello spettro della luce.

Fusione nucleare È la combinazione di due nuclei leggeri per formarne uno più pesante. Il nucleo risultante ha una massa leggermente inferiore alla somma delle masse dei nuclei originali. Ad esempio, quando quattro nuclei di idrogeno si fondono per formare un nucleo di elio, la massa dell'elio è inferiore alla somma delle masse dei quattro nuclei di idrogeno. Questa massa "mancante" viene convertita in energia, che viene rilasciata sotto forma di radiazioni.

Ione Un atomo elettricamente carico, tipicamente risultante dalla perdita o dall'acquisto di uno o più elettroni. Il processo mediante il quale un atomo perde o acquista elettroni è noto come ionizzazione.

Isotopi Gli isotopi di un elemento chimico sono atomi di quell'elemento che hanno uguale numero di protoni-nucleoni elettricamente positivi-e diverso numero di neutroni-nucleoni elettricamente neutri. Quindi hanno differente massa atomica, ma uguale numero atomico.

Isotank È un contenitore specializzato progettato per il trasporto di prodotti liquidi o gassosi come carburante, prodotti chimici, cemento o catrame. Per garantire sicurezza e funzionalità, deve rispettare requisiti specifici, tra cui uno spessore minimo delle pareti, la capacità di resistere alla pressurizzazione interna, massima efficienza di tenuta e conformità a vari standard di sicurezza e prestazione.

Muoni (particelle μ) Particelle elementari appartenenti al gruppo dei leptoni.

Neutrino È una particella elementare che appartiene a una delle loro due famiglie. La famiglia a cui appartiene è composta dai cosiddetti leptoni, dalla parola greca "leptòs", che significa leggero. Questa famiglia include anche l'elettrone. Ci sono tre diversi tipi di neutrini: neutrino elettronico, neutrino muonico e neutrino tauonico. I neutrini sono così piccoli e leggeri che le loro dimensioni e masse non sono state ancora misurate, perché le tecnologie attuali non sono in grado di misurare valori così minuscoli. Possiedono una proprietà incredibile e altamente utile: interagiscono con la materia solo molto debolmente e quindi possono attraversarne grandi quantità rimanendo indisturbati.

Nuclide Il termine nuclide si riferisce a un atomo caratterizzato da un numero specifico di protoni nel suo nucleo e da un numero specifico di neutroni. Se non diversamente indicato, il termine implica generalmente che l'atomo sia elettricamente neutro, il che significa che il numero di elettroni che circondano il nucleo è uguale al numero di protoni.

Radon-222 Il Radon, in particolare il Radon-222, è un gas radioattivo che appartiene alla serie di decadimento radioattivo naturale dell'Uranio-238. Il Radon viene prodotto dal decadimento del Radio, che è il suo elemento genitore nella famiglia radioattiva.

Poiché il Radio, seppur in piccole quantità, è presente ovunque—in materiali, rocce e così via—il Radon è presente ovunque, soprattutto in ambienti poco ventilati dove non può disperdersi.

Il Radon decade emettendo quella che è nota come particella alfa, che è essenzialmente un nucleo di Elio. Le particelle alfa vengono facilmente assorbite, in particolare dalla pelle umana, e quindi non sono pericolose a meno che vengano inalate.

Sapore Nella fisica delle particelle elementari, il termine sapore si riferisce a proprietà distinte che differenziano i tipi di una data particella. Ad esempio, nel caso dei neutrini, il sapore caratterizza i diversi tipi di neutrini: neutrino elettronico, neutrino muonico e neutrino tauonico.

Scintillatore Un materiale liquido o solido che emette fotoni di luce in tutte le direzioni quando viene attraversato da una particella carica che rilascia energia al suo interno.

Soglia Generalmente si riferisce a un valore al di sopra del quale un evento si manifesta. Negli esperimenti di fisica e in riferimento all'energia, indica il valore energetico al di sopra del quale è possibile effettuare misurazioni, mentre al di sotto di questo valore, le limitazioni strumentali impediscono la misurazione.

Spettro Lo spettro ottico si riferisce alla decomposizione della luce nelle sue componenti aventi vari colori, come avviene nella luce bianca, che è la combinazione di tutti i colori possibili. Poiché la luce non è altro che un'onda elettromagnetica nella zona ottica, essa è composta di vari colori corrispondenti a diverse frequenze delle onde. Lo spettro ottico si ottiene facendo passare la luce, ad esempio attraverso un prisma, realizzato in vetro o materiali cristallini, che la scompone nelle sue varie componenti.

Spettrometro di massa Lo spettrometro di massa è uno strumento analitico utilizzato per separare ioni con la stessa carica ma masse diverse, o, più in generale, ioni con differenti rapporti massa-carica, come gli isotopi.

Spettroscopia Si riferisce alla decomposizione della luce nelle sue frequenze componenti, ottenuta facendola passare attraverso un elemento dispersivo come un prisma, un dispositivo ottico trasparente tipicamente realizzato in vetro o materiali cristallini.

Ciò avviene perché l'indice di rifrazione del materiale del prisma varia con la frequenza della luce: le frequenze più alte (come il blu e il violetto) vengono rifratte maggiormente, mentre le frequenze più basse (come il rosso) vengono rifratte meno. Ogni atomo, quando viene eccitato ricevendo energia, emette luce di vari colori corrispondenti a diverse frequenze dell'onda luminosa. Queste frequenze sono caratteristiche di un determinato atomo e, quindi, osservando i vari colori emessi (e dunque le diverse frequenze), è possibile identificare l'atomo in questione. In altre parole, lo spettro di un atomo corrisponde alla sua impronta digitale.